U0754508

精准提升

解决人生难题的关键思维

陈慕妤◎著

台海出版社

图书在版编目（CIP）数据

精准提升：解决人生难题的关键思维／陈慕妤著.
—北京：台海出版社，2019.7
ISBN 978 – 7 – 5168 – 2383 – 5

Ⅰ.①精… Ⅱ.①陈… Ⅲ.①成功心理 – 通俗读物
Ⅳ.①B848.4 – 49

中国版本图书馆 CIP 数据核字（2019）第 133558 号

精准提升：解决人生难题的关键思维

著　　者：陈慕妤

责任编辑：王　萍　　　　　　装帧设计：天下书装
版式设计：天下书装　　　　　　责任印制：蔡　旭

出版发行：台海出版社
地　　址：北京市东城区景山东街20号　邮政编码：100009
电　　话：010 – 64041652（发行，邮购）
传　　真：010 – 84045799（总编室）
网　　址：www. taimeng. org. cn/thcbs/default. htm
E – mail：thcbs@ 126. com

经　　销：全国各地新华书店
印　　刷：三河市人民印务有限公司
本书如有破损、缺页、装订错误，请与本社联系调换

开　　本：880mm × 1230mm　　1/32
字　　数：217 千字　　　　　　印　　张：9.5
版　　次：2019 年 9 月第 1 版　　印　　次：2019 年 9 月第 1 次印刷
书　　号：ISBN 978 – 7 – 5168 – 2383 – 5

定　　价：49.00 元

我们的人生要怎么奋斗

1

总有一些人告诉我们，想要获得更好的生活，奋斗是唯一的选择。

问题是，他们往往不会告诉我们另一个问题的答案：我们应该怎么去奋斗，才能够获得更好的生活。

其实，奋斗就是一个克服各种困难的过程。在这个过程当中，我们通过自己的努力和思考，一点一滴地积累起自己的价值，任凭他人如何讥讽，不管世事何其沧桑。如果我们对此有一点动摇，我们就很难到达胜利的终点。但这个过程并不是三两天就能够完成的。

塑造我们的个人价值，一般从两个地方着手：自身能力和社会评价。

自身能力，顾名思义，就是我们可以做到什么，擅长做什么，愿意做什么。

而社会评价，就是我们做的事情，可以从社会活动中产生什么实际效益，能不能给别人带来积极正面的作用。只有这两者结合起来，才能体现出我们的个人价值。

如果你玩游戏很厉害，杀敌一万也只是自伤一百，那这种玩游戏的技巧就是你的能力所在，也是你的优点。

然而，即便这个游戏你玩得很厉害，却只是局限于身边几个朋友这个范围内，无法在社会活动中给你自己带来任何效益，那么你的社会评价相对来说就会偏低。这样的你，就没有体现出自己的个人价值。

一些长相帅气的男生或漂亮的女生，身边的人都觉得他们可以做明星，于是他们就去参加选秀，参加比赛，获得众人的关注，又因此收获一大批粉丝。就算其后的表演和演出能力远远达不到让人欣赏的水平，由于有粉丝这些社会评价的加持，能够给公司带来效益，他们依然能体现出自己的个人价值。

社会评价越高的人，他们的个人价值也就越高。那些我们耳熟能详的名人明星都是这一类人。当我们无法通过自己的个人能力去提升自己的社会评价时，我们就无法体现出自己的个人价值。我们只能越来越弱，只能羡慕比我们厉害的那些人。

为了摆脱这种困局，奋斗就是我们唯一的选择。

2

你的自身能力是什么？

大多数对自己的人生都没有清晰规划的人，往往不知道自己能够做什么，擅长做什么，想要做什么。如果你连自己要做些什么都不知道，那么就只能由其他人替你做决定了。没错，你是不喜欢他们的安排，问题是，你喜欢做什么呢？所以想提高自己的能力，你首先要建立自己的核心优势。

曾经看过一本书，书中提到，在分析自己值不值得建立某个优势时，有两个标准你必须要了解：

第一，你做这件事会不会感到身心快乐？

如果一件事，你做下去没有任何快乐的感觉，反而会痛苦，那么长此以往，你只会发展成一个流水线的工人，毕竟完成任务就算了，不会对工作有其他什么想法。

但如果你对做的这些事情感到快乐，你就会投入更多的时间和精力在这上面去学习和研究。前者是低价值的重复劳动，后者则是高价值的自发举动。

第二，你做这件事有没有持续性成长的价值积累？

你玩游戏，对你来说会感到很快乐，某程度上来看，这的确是一个高价值的自发行为。

然而，你长时间地玩下去，你能不能从中获得持续性成长的价值积累呢？

除了提高游戏技巧上的熟练度，我们还积累到什么别的让自己成长的价值吗？

几乎没有。

相反，你学开车，学游泳，学功夫，学摄影，就能够做到这一点，因为这些事对于我们的生活有时会起到关键性的作用。

基于这两个标准，你做一件事就可以分为四个维度：

（1）你感到快乐，却没有价值积累。如玩游戏、逛街、睡觉、看电视等。

（2）你没有感到快乐，却有价值积累。如学习、坚持运动、看书、解决问题等。

（3）你感到快乐，也有价值积累。如谈恋爱、跟偶像学习、学习喜欢的技能等。

（4）你既没有感到快乐，又没有价值积累。如发呆、吵架、冷战等。

这样看，最好的状态就是找到一份既能让自己感到开心，又可以积累价值的工作，或者坚持做一段时间不喜欢却能够积累价值的工作，然后等到时机成熟之际，你才转去做自己喜欢的事。

这个过程刚开始挣钱少点都没关系，目光要放长远一点。

每个人的观感不一样，很难一概而论地判断做哪些事是让自己快乐的，但我们肯定会知道，做哪些事才可以积累自己的价值。

如果你的目标是成为一个厉害的游戏设计人员，那么就从游戏开发方面去积累自己的能力吧。

怎么积累呢？

就是你每天要做一些切合目标，难度却适中的事情。如果难度大于能力，你就很难坚持；如果难度小于能力，你就没有坚持的动力。

若你无法精准培养出这些关键的优势，你的个人价值就很难体现出来。

3

有了这个核心的关键优势，并以此去提高自己的社会评价，你就能提升个人价值。

那怎么才能知道自己的社会评价提高了呢？

正如我开篇所说的那样，你做的那件事情，可以从社会活动中产生什么实际效益，对别人提供什么程度的价值。你能够给别人提供价值，你就能从中获取价值。

这就是我们常说的变现能力。一个好平台能够提升我们这种变现能力。这个道理谁都懂，但怎么找到这个平台呢？

这又反过来涉及我们自身的能力。看一看你现在的自身能力，能不能给别人、公司、机构、客户等提供价值，否则你就很难发现这些平台，因为你连自己能做什么都不知道。

拥有一个清晰的目标，找准你的核心优势，打造你的自身能力，接着借助适合的平台，发挥自己的能力，解决他人的所需，一步一步努力走好，你的个人价值就能够从中体现出来。

抓住这些降临在你身上的机会，敢于迈开脚步，才能遇见你人生的转折点。到那个时候，谁还在乎旁人的闲言闲语呢？

毕竟我们都忙着享受自己精彩的人生了！

4

电影《十月围城》里面，孙中山对着一众革命者说了一段话，其中有句是："欲求文明之幸福，不得不经文明之痛苦。这痛苦，就叫作革命。"

这句话，放在奋斗上也同样适用。想要让自己变得更好，总要经历一些痛苦，不管是旁人的鄙夷，还是坚持的艰难，都是非常正常的，这是让我们变得更强大的必经之路。

每一年都会过去，新的一年又会继续到来。时光荏苒，你问一问自己，今年比去年，你取得了多少进步呢？

任何时候，你都要想着怎么才能够找到自己的核心优势，创造出你想要的人生。每一年都实现一个目标，每个月都实现一个目标，甚至每一天都实现一个目标，积累下去，我相信你就会培养出自己的核心优势。

人要走过很多弯路，才能够改变自己固有的认知，而坚持则是最重要的步骤。

在这本书里，我会跟你分享五个核心的关键能力。这些能力是人生中的"可迁移技能"。无论你换过多少份工作，做过多少不同的事情，在其中养成的思维方式，都能够让你在解决问题的过程当中更加得心应手。

掌握了这些关键的思维能力，你的人生才有变得更好的可能。

希望看这本书的你，生活不会被烦恼所充斥，而是充满积极和努力。

陈慕妤

第一部分　学习的提升

第二部分 心态的调整

第三部分 如何有效奋斗

第四部分　人际交往与沟通

第五部分　口才的提升

第一部分

学习的提升

如何走出舒适区，获得有效进步？

想要获得进步，就必须要走出你的舒适区，这是最重要的第一步。

但尽管如此，很多人还是无法做到，只能一日复一日地空耗时间。那么，我们应该怎么做，才可以走出舒适区？又要去做些什么，才可以更好地取得进步呢？

什么是舒适区？舒适区这个概念，指的是一个人所表现的心理状态和习惯性的行为模式，人会在这种状态或模式中感到舒适。在这个区域里，我们有种掌控自如的感觉，身心感到很放松，没有压迫感，没有紧张感。我们在这里可以找到非常高的安全感，一举一动都非常舒适，稳固。

睡觉睡到自然醒会让你感到很舒适，那么每天早起，就是你舒适区范围以外的行动；不喜欢说话，习惯沉默寡言会让你感到很舒适，那么主动开口跟别人聊天打招呼，就超出了你的舒适区范围。

美国密歇根大学商学院教授诺埃尔·蒂希，运用三个同心圆来阐述了我们的行动状况。

舒适区：你已经掌握技能的部分。

学习区：距离你现有能力远一点的新技能部分。

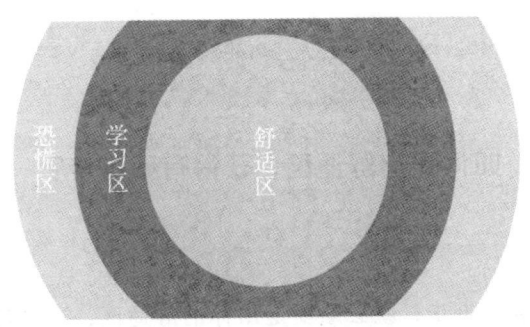

图1　舒适区、学习区、恐慌区

恐慌区：你短时间内无法掌握的陌生技能部分。

用一个例子说明，就是如果你想学习开车拿到驾照，那么你的舒适区就是乘坐公交车，打车，甚至是走路。而学习区就是掌握科目一至科目四的驾考内容，学会基本的交通规则，习得汽车的操作技能。至于恐慌区，当然就是参加每门科目的考试，或者是真正在街道上驾驶汽车了。

但随着时间的推移，这三个区域都会发生变化。

当你有能力通过所有科目的考试，可以操控汽车时，你的舒适区就会从走路、乘坐公交车，扩大到懂得如何操控驾驶汽车这个范围。也就是说，你舒适区的范围变大了，操控汽车变成了你新舒适区的一部分。

而学习区就从原本的学习车辆基本操作，变成了学习自如地在街道上驾驶汽车。至于恐慌区就更进一步，变成了敢于在高速公路上行驶，或者懂得应对各种突发的交通情况等。

当你的能力越来越高，越来越强，你的舒适区也会随之变

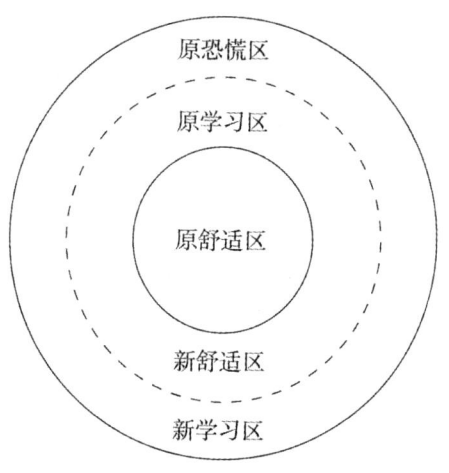

图2　行动改变区域

得越来越大，而学习区和恐慌区也会慢慢变得越来越小。

　　当然，这个世界上有太多太多的东西是我们还没掌握到的，就算我们穷尽一生去学习，也无法将其一一学完。所以，我们没办法让学习区和恐慌区完全收窄消失，我们只需要不断去提高能力扩展自身的舒适区，直到实现既定的目标就行了。

　　这才是走出舒适区的核心宗旨。

一、　确定你的舒适区

　　每个人的舒适区都各不相同。也可以说，每个人都掌握不同种类和不同程度的能力。

　　所以，想要自己的努力取得进步，你必须要确定自己的舒适区。而这个舒适区，跟你设定的目标息息相关。

例如，你的目标是提高自己当众说话的能力，因为你觉得跟别人聊天是一件很困难的事。那么习惯沉默寡言，不喜欢跟别人说话，就是你当前的舒适区。

一旦你清楚自己处于能力程度范围内的哪个舒适区，接下来你就需要进一步明确：想要提高这种能力，阻碍你前进的原因是什么；是外在原因，还是内在原因，你需要怎么克服。到底是对知识理解得不透彻，还是对技能掌握得不到位，这可以确定你的具体学习区。

如同你想学习摄影，相机的操作，或者构图、光圈、曝光度等摄影知识不全，这会阻碍你掌握这项技能，你需要克服它们。

又如你想提高当众说话的能力，那么阻碍你不敢这样做的原因到底是你性格过于内向，抑或是你缺乏自信，还是因为你不知道表达的技巧呢？

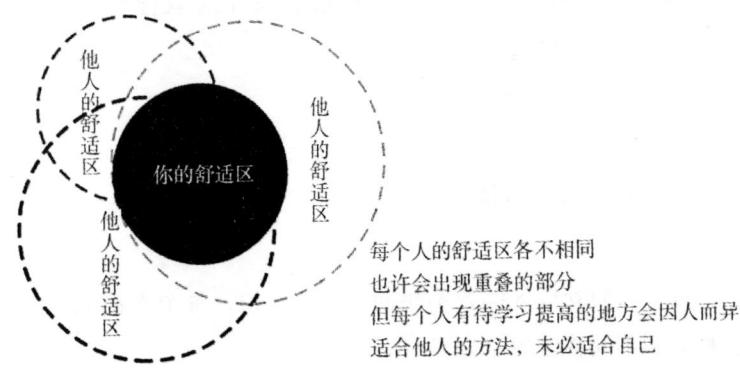

图3　舒适区范围

如果你找不到阻碍你提高这种能力的深层原因，你就无法确定你的学习区。如果导致你不敢说话的原因是由于自信心不足，那就算你背诵所有的说话技巧，你也无法站在人群面前大胆说话。

换言之，方向不对，你再努力，这种勤奋也只是"自我感动式"的勤奋，是不会输出有价值的结果的。

因此，解决你自信心不足，学习如何提高你的自信心，就成为你提高当众说话能力而走出舒适区去学习的首要任务。这就要求你把目标分解成一个个具体可以攻克的难题，逐个解决阻挡你前进的障碍。

确定你的舒适区，找到你要克服的地方，这就是迈向学习区的第一步。

二、 如何走出舒适区

从舒适区走到恐慌区，需要我们经过一段时间的刻意练习，才能取得成功。

千万不要幻想自己能一蹴而就，更不要因此而急于求成。只要你一步一个脚印地进行学习，量变就会产生质变，你自然会学有所成。

正确的做法，就是朝着学习区迈出一步，然后在那里待上一段时间，逐渐尝试去适应那种难受的感觉。

例如你希望早起，那么你平时自然醒的时间是早上九点的话，现在你得提前一个小时在八点醒来，持续一段时间去适应。然后接着把起床的时间提早到七点钟，然后又适应几天，直到最终实现你早起的时间：早上六点。

只要你能够走出舒适区，哪怕是走出一点点，去到学习区待上一段时间，你也会由此扩展你舒适区的范围，获得进步。

尽管这种细微的进步看上去好像没有任何具体的收获，但一旦你将那种难受、焦虑的感觉，锻炼成习以为常的心理状态，你就有了继续进步的基础。

所以，假如你不敢当众说话、与人聊天，那么你就先去熟悉那种身处人群的感觉。找一个人多的地方，例如商场、电影院、步行街等，找个能够接触人群的位置站在那里待上一个小时，感受一下身边的行人带给你的熙熙攘攘的感觉。

你刚开始肯定会觉得自己像个白痴，感到慌乱。我曾经体验过这种情况，局促不安，不知所措。这种感觉如同你跟人聊天时那样，说错了话或者不知道怎么回应别人，你同样也会觉得自己像个白痴，局促不安，不知所措。一旦你能够在这种环境下习以为常，锻炼出自己的心理素质，你心里有了底气，那真正跟别人聊天时也很容易表现自如了。

也就是说，你不必强求自己一下子就能够当众说话，先走出舒适区一小步，让自己感受一下待在学习区的感觉，然后适应它。只要你每天刻意做一些你舒适区以外的事情，每天刺激一下自己，不需要做太多，超出你舒适区范围一步也可以，你就会慢慢获得进步。

正因为迈开的步伐很小，你自然不会有努力过后失败的受

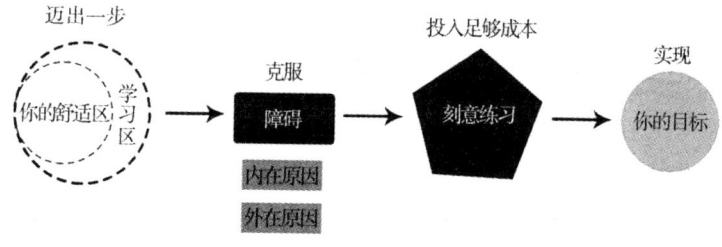

图4 走出舒适区的过程

挫心理。

只要你愿意行动，这些付出一定不会失败；就算失败了，大不了明天再试一次而已，有什么好气馁的呢？今天你在人群中无法待上一个小时，可你待了十五分钟，也算是成功啊，毕竟你离开了舒适区，下一次再争取待上二十分钟就行。

如果你真的缺乏行动的意愿，那么给你的行动设立一个仪式感，每天空出一段固定的行为时间，当时间一到，闹钟一响，你就会有意识地开始行动了。

当你可以行动起来后，最主要的问题是，你该如何坚持下去。

三、 坚持投入成本

经济学上有一个术语，叫作"沉没成本"，就是以往你对一件事情已经投入了相当程度的成本，而这些成本，会对你现在或者将来的决策产生某种影响。

好比谈恋爱，你和另一半已经在一起三年了，你为了这段关系投入了不少时间、感情和金钱。可三年相处下来，你发现这个另一半压根无法跟你开花结果，给予你一个美好的未来，你很想分手，很想放弃。

但是，一想到这三年来你对这段感情的付出就心有不甘。你总是希望对方能够"改邪归正"，重回正轨，于是你迟迟不愿意放手，直到最后自己遍体鳞伤。

再如你肚子很饿，去到餐厅点了一大堆东西，可吃到一半，你就已经吃撑了，饱得想吐。但为了不浪费这些食物，更加不希望浪费买这些食物的钱，你只好硬着头皮继续吃下去，最后吃完弄得自己胃痛得不行。

这些都是沉没成本对你行为的影响，因为你不希望付出的成本打水漂，为了让你的投入变得值得，所以有时候你就会做出不理性的举动。

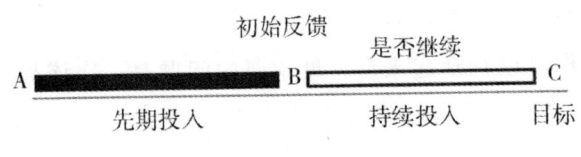

图5　投入与反馈

一旦你对一件事投入了不可收回的成本，期间触碰到初始反馈出来的结果，而你又不确定到底应不应该继续投入下去，那么受到沉没成本效应的影响，在是否继续的选择上，大多数人往往会选择继续。

用在坚持上，也是如此。

当你用微小的步伐走出舒适区时，由于步伐小，所以行动起来没有任何难度，然后以此持续投入一段时间，直到你习惯了这种付出。如果你到了初始反馈的临界点，你获得的反馈结果好，那你就有动力继续投入；如果反馈结果不好，你也可以找出问题，调整努力的方式，继续投入。

接着，开始增大你的投入力度，这时难度越来越大，耗费的精神也越来越多。不过这时的你已经"骑虎难下"了。一旦选择放弃，你就会前功尽弃，什么都没有。在沉没成本的心理作用下，你肯定不会这么轻易放弃。

换言之，只要你愿意在事情上投入一定量的成本，你肯定不会这么轻易罢休的。

用最简单的方式走出舒适区，用最容易的方式待在学习区，然后通过沉没成本来让你坚持到恐慌区，你自然就会取得长足的进步了。

当然，你还要懂得识别扩展后的舒适区。

当你的舒适区扩大了，原本的学习区就变成了舒适区，你继续在原先学习区的范围内无论投入多少努力，你也不会再取得进一步的收获。

以拿到驾照开始驾驶汽车上路为例。当你熟悉了怎么开车之后，无论你用几年时间每天开车上下班进行锻炼，你的驾驶技术还是不会有特别显著的提高，至少跟你成为驾驶专家还有一段很长的距离，因为你这种重复驾驶的练习，已经从以前的学习区转移到现在的舒适区了。

当然，如果你的目标是能够驾驶汽车上路，这时的你已经实现了目标，没必要继续提高能力了。但如果你的目标是想去到沙漠驾驶越野车，那么你就不能单靠每天上下班开车来提高这种驾驶技能了。

定下一个具体的目标，然后勇于迈出一步走出舒适区，运用刻意练习来锻炼技能，只要你能够坚持下去，假以时日，你收获到的肯定是与众不同的人生。

这就是我们努力的意义。

怎么看书，才能内化为自己的知识

想一想以下这些情况：

每天拿着手机阅读公众号推送的文章，想学点什么，但当手机一放下，基本上过目即忘，什么都没学到；

雄心壮志地去看书，想借此提高自己的能力，但坚持一段时间后，始终不见效果，不是看了后面忘了前面，就是什么都没记住；

有时候确实学到了很多新的知识和新的概念，觉得自己的思想充实了很多，可是一遇到问题的时候，却怎么也想不到运用学到的这些知识。

如果你有上面这些问题，那么说明你的学习方式依然停留在浅层次上。

想要把学到的东西真正内化成自己能力的一部分，你必须经历一连串的深度加工过程。只有经过这个过程，我们才能够把不属于我们的东西，变成属于我们的东西。

这个过程，可以套用一个知识管理的模型说明，这就是DIKW模型。

我们学习一样新的东西，是一个从陌生到熟悉的过程。在解释这个过程如何运作之前，首先引入一个模型，那就是DIKW模型。这个模型是知识管理领域，被广泛使用和分析的金字塔体系。

DIKW是由四个英文字母组成的，每个字母都是一个英文单词，对应不同的概念。

D：data，数据；

I：information，信息；

K：knowledge，知识；

W：wisdom，智慧。

这四个部分，由低至高排列，形成一个金字塔的架构，很好地说明了如何把一个陌生的材料转化为我们自身思想的一部分的运作流程。

我们从外界接收到数据，然后将其转化为我们了解的信息，再将这些信息变成我们可以学习的知识，最后通过知识的内化，成为我们的智慧。

从D到W这个过程，每个步骤都会涉及很多操作方法。

一、 获取数据

获取数据处于底层，存在于这个世界的庞大数据是这个世界事实的反映。这个数据，可以是数字、文字、图像、符号等等。

这些数据是如何得来的呢？

一般来说，有四种方式获取：

1. 通过研究实验得出；

2. 通过系统归纳而统计出来；

3. 靠自己阅读资料获得；

4. 从别人口中得知。

例如："截至目前，2018 年的微信月活跃用户量已经达到十亿。"这就是一个数据，我们从报纸上获悉这个数据。但数据是死的，没有任何意义。到底这个数据展示出来的数字，对我们有什么样的意义，我们并不了解。

当你阅读一部经济学的著作时，其中会出现很多专有名词，诸如"非对称信息""平均可变成本""基数效用"等，如果我们完全不理解这些名词的含义，就很难理解整部著作的内容。不理解，就意味着干巴巴的数据对我们还没有起到帮助的作用。

既然没有一点作用，那这些数据便很容易被我们遗忘，无法从中学到东西也就很正常了。

因此，为了让数据上升到信息这个层次，让其产生价值，被我们所了解，我们就需要赋予这个数据某些意义。

二、 加工信息

数据是没有任何意义的，信息才有。而一个数据被赋予意义的最佳方法，就是加工它，将这个数据放在一个具体情景下去解读。所谓具体情景，就是与这个数据相关联的具体发生情景。当这个数据被我们放置在一个具体的情景当中进行加工处理时，就会由此变得人性起来了，拥有了某些意义，成为一个有价值的信息。

例如"社交提示"这个概念，我们看到这个词，并不知道这到底是什么。对我们来说，除了认识这些字词，其他的东西我们一无所知，所以它是一个数据。如果这个时候，我们进一步学习，了解到这个数据表达的意义，即语言特征和非语言特征所组合起来，能够在沟通情景当中给我们提供相关背景资料的信息，那么我们就会知道，所谓的"社交提示"，就是指面对面可以留给我们的信息。这些信息，通过微信这些聊天工具，是很难被我们所获知的，例如你的表情、声音、态度、心绪等。所以在现实当中聊天，我们会获得这种"社交提示"，而网上聊天，这种"社交提示"就缺失了。

通过这种具体的解读，我们会更加明白这个概念的意思，这就是把数据转化为信息的过程。一个干枯的数据远远比不上一个具体展示那么让人感同身受。这种加工方式对于提高我们的说话能力，也是一种非常有用的方法。

无论是写读书笔记，还是在段落旁边写下批注，或是通过具体情景去理解这个现象，只要你具备了加工信息的能力，你就能够把文章传递出来的信息解读出更多的意义了。

三、 掌握知识

信息是依附意义而存在的，却未必有用。

而知识，就是经过推理和分析的验证后，给我们提供实质帮助的价值存在。也就是说，即便你能把数据转化为有意义的信息，对于我们学习知识还是远远不够。

例如心理学上有"印象管理"这个知识点，经过了前面两道工序的加工，现在我们知道这个概念到底是什么意思，即"为了影响他人对我们的看法而创建积极的自我形象"。但这充其量只是信息，还不是我们的知识。

正所谓还没被我们掌握的知识，并不算是知识。那我们怎么去掌握它呢？

不少书籍对于如何学习和掌握知识已经有很多的论述，但无论是哪一种方法，都离不开两种方式：

1. 主动构建逻辑框架；

2. 与实际建立联系运用。

有些知识点有时候是非常独立的，没有上下文的辅助，我们压根不知道它们到底有什么用，甚至连理解都成问题。为了学习它们，思考是我们介入的第一个步骤。但怎么思考呢？就是主动构建逻辑框架，通过主动寻找与之相关的逻辑体系，把这个独立的知识点构建出一个可以让我们理解的关系网。

而构建逻辑框架的方法很简单，就是给信息"分解设问"。分解设问，就是将一个信息、一个概念、一段话，围绕它分解成不同的问题，然后让自己寻找这些问题的答案。在找寻的过程中，你就会发现彼此的逻辑关系。

例如，微信的月活跃用户量有十亿，对我们而言这只是一个数字。

如果我们知道这十亿用户量里面，男女用户的比例是多少，年龄层又怎么分布，到底是什么原因会影响用户对微信的黏度，那么这些数据就会变成有价值的信息。

然而，这只是信息，不是知识，因为你还没有给这些信息分解问题。为了弄清楚这些信息彼此的关系，我们就需要主动构建逻辑框架，多设问，找出得出这些信息的前因后果。

例如：为什么男性的微信用户量会比女性的用户量多呢？为什么年轻的受众会比老一辈多呢？哪些用户对于微信的黏度会比较高呢？

当我们知道微信用户量十亿数据背后一系列的逻辑框架，有了上下文的辅助了解，找到每个问题的答案后，那这些信息最终就会变成我们的知识的一部分。这些由信息转化的知识，说不定能为从事 IT 行业的人提供很大的参考价值。

同样，我们知道"印象管理"这个概念信息，我们想要把它转化为知识，也需要给这个概念分解设问，寻找前因后果，建立逻辑架构。

例如印象管理这个东西是怎么来的呢？我们应该怎么进行印象管理呢？印象管理都包括个体的什么地方？印象管理会应用在哪些情景中？……循着这些问题，我们一个个梳理，触类旁通。

当你能够梳理这些信息背后的逻辑架构，知道它们是怎么来的，又是怎么跟其他事情产生关联的，通过对比、深挖、分析，弄清楚它们的全貌，就好像把一个知识点变成一张知识网一样，那就可以说，我们已经学会了。

因为单纯的记忆和理解，只能从纸面上掌握知识；而建构逻辑关系网，就是从纸面以外的地方掌握知识。

为什么一些知识达人能够从一个点说到另一个点，给人博学多才的感觉，就是因为他能把这种知识概念，梳理成一张逻辑网，跟其他知识建立关联，自然也懂得将学到的知识扩展到不同的地方运用了。

但是，这只是第一种学习方式，第二种方式，就是主动跟实际联系运用。

有些知识我们并不知道前因后果这种逻辑架构，但我们依然能掌握它，原因就在于我们在实际生活当中运用到它。而这个运用的方法，就是美国心理学教授安德斯·埃里克森博士所提出的"刻意练习"。简单来说，就是让知识在一个具体的实际环境当中，重复记忆，直至这种知识成为自身能力的一部分。

诸如想把话说好，就不断开口锻炼；想把车开好，就不断驾驶锻炼。这时候，大脑运用学到的这些知识，就好像我们刷牙那样自然而然，无需刻意努力也能做好。

运用这两点学习方式，都需要我们投入足够的注意力；如果我们注意力不集中，甚至敷衍了事，我们依然无法掌握学到的知识。

至于生成智慧，这个就因人而异了。毕竟一个知识如何转化为智慧，跟个人的阅历和经验有很大的关系。

这里用一个故事说明。

有一次，爱迪生把一只灯泡交给他的助手阿普顿，让他计算一下这只灯泡的容积是多少。

阿普顿是普林斯顿大学数学系的高才生，又在德国深造了一年，数学素养相当不错。他拿着这只梨形的灯泡，打量了好半天，又特地找来皮尺，上下量了尺寸，画出了各种示意图，还列出了一道又一道的算式。

一个钟头过去了。

爱迪生着急了，跑来问他算出来了没有。"正算到一半。"阿普顿慌忙回答，豆大的汗珠从他的额角上滚了下来。

"才算到一半？"爱迪生十分诧异，走近一看，哎呀，在阿普顿的面前，好几张白纸上写满了密密麻麻的算式。

"何必这么复杂呢？"爱迪生微笑着说，"你把这只灯泡装满水，再把水倒在量杯里，量杯量出来的水的体积，就是我们所需要的容积。"

"哦！"阿普顿恍然大悟。他飞快地跑进实验室，不到 1 分钟，没有经过任何运算，就把灯泡的容积准确地求出来了。

这就是智慧的表现了。

当然，并不是所有信息都值得我们转化为学习的知识，这时就需要去筛选知识。

四、 提炼有效知识

纵然你懂得 DIKW，也知道怎么从 D 做到 W，但这依然不是有效的知识。何谓有效知识呢？就是能够确切帮助自己和提高自己的知识。

有时候我们之所以感到知识焦虑，就是因为我们什么都想学，却什么都学不好。

例如我不是医生，就算看书知道"血液透析"这个概念，学会了对我的生活也并没有太大的帮助。既然如此，这种知识就没必要浪费时间去分解设问。

只有在你需要掌握某个知识点，而不得不去弄懂影响你理解的与之相关联的知识点时，你才有必要运用 DIKW 的模型去学习。这是一种有目的有针对性的主题阅读方法。

并不是每个知识点都值得我们学习，也并不一定每个知识点都对我们有帮助，如果全部都运用 DIKW 模型去掌握，这种学习就会变得很低效而浪费时间。

提炼有效知识的重点，就在于你能否识别这些知识对你是否有用。根据这个原则，有效则可以分为三个层面：

1. 短期能够被有效利用；
2. 长期能够被有效作用；
3. 将来能够被有效使用。

短期有效，指的是你学到的知识，短期内能够有效给你提供帮助。例如下个星期就考试，你必须把手头上的科目知识学好。那么这些科目知识，就是在这段期间内能被有效利用去应对考试的知识。你想学习时间管理，解决自己工作注意力不集中的问题，也是属于这类。

长期有效，就是对我们潜移默化产生影响的知识。这种知识，不经过长时间的积累，很难察觉出来。而且这种知识，有时候是从短期有效知识转化而来的。例如你学习开车，科目一二三四就是为了应对考试而学习的短期有效知识。可当你通过这个考试，当中的一些知识或技能就会长期运用于你的生活，对你产生长远的影响，成为长期有效知识。

将来有效，指的就是现在学习了，我们不知道什么时候用到，但说不定有一天能够被我们有效使用的知识。

例如学习口才，如果你目前没有人际关系或者与人沟通方面的需要，即使你学习这种知识了，也不知道能否有用。所以当你学习的时候，一定要有一个清晰的目标，问一问自己，你学习的知识是属于哪个层面的？

如果你想学习时间管理的方法，短时间内改善自己丢三落四的习惯，那么你就需要针对这个目标，把与时间管理的方法和概念，利用 DIKW 模型结合自己的实际需要全部弄明白。

如果你想提高阅读能力，能够在自己长期的阅读当中产生好的效果，这时你就要针对这个目标，设立好学习的步骤，一步一步掌握不同类型阅读的知识和方法。

如果你在看书期间，看到一些知识暂时没用，但或许将来有用，那你就要把这些知识摘录下来，分门别类，建立一个专属的档案资料馆。

当你能够做到以上这些，把有效的知识提炼出来，然后通过DIKW模型去逐个掌握时，那你就能够真正把学到的东西变成自己内在能力的一部分，而不是一问三不知，学过了等于没学了。

这样的学习，才是真正的学习！

怎么阅读一本书，才能掌握其中的知识

很多人都喜欢看书，但不是每个人都能够从书中获得思维或能力的提升。

有些书籍用来娱乐自己，有些书籍则用来开拓眼界，而有些书籍就是用来更新自己的知识体系和提高认知能力的。所以，阅读一本书，其目的并不在于"看完"，而是通过阅读来获取书本里面一些对自己有用的养分。

由于如今碎片化阅读而塑造出来的阅读习惯，导致了很多人无论看什么书都"一眼而过"，什么都没有留下，久而久之，就算看了很多书，却依然是什么都学不到的感觉。

一般来说，知识分为两种：显性知识和隐性知识。而我们对于知识的掌握程度，也可以分为四个维度：

1. 你知道自己已经掌握的知识；

2. 你知道自己还没掌握的知识；

3. 你不知道自己已经掌握的知识；

4. 你不知道自己应该要掌握的知识。

任意一本书放在我们面前，这本书所展示出来的就是显性知识，明摆着告诉我们书中已有的内容是什么。

而隐性知识就是那种只可意会不可言传的知识，可能是我们不一定理解，也无法清楚地给别人表述出来的内容。但无论是显性知识还是隐性知识，这里面都有一些我们已经掌握或暂时没有掌握，却应该要掌握的地方。

而我们阅读，就是根据自身掌握知识的情况，从书本中识别哪些是我们已经掌握的知识，学习那些我们还没掌握的知识，然后唤醒自己不知道却已经了解的知识，最后找到自己应该要学习的知识。

这个过程，就是把显性知识装到脑子里，再通过对显性知识的学习和思考，悟出那些对我们有用的隐性知识，让其转化为对我们有用的显性知识，直到这些知识最终提升我们的思维认知能力。

然而，由于个人的投入度千差万别，这个过程不是每个人都能够完成得很好。

为什么你看完书什么都不记得？很多人之所以看完一本书，没有留下任何东西，往往是因为他们把注意力都花在了记忆书本的显性知识上面。

问题是，并不是所有知识都要用到这种生硬的记忆的。因为我们阅读时候，大脑调动出来运用的往往是"工作记忆"。工作记忆能够让我们在短时间内积极地在大脑中保存信息，以便为后续行动服务。但它的局限性，则是有限的记忆容量和衰减的保真度。

我们跟别人聊天，能够如此顺畅地衔接上下文聊下去，就是工作记忆在起作用。我们会记得对方上一句话说的是什么，然后以此给出相应的回答。

一旦脱离这个环境，这种工作记忆就会迅速衰减。想一想，即便是刚跟朋友聊完天，你还能精确记得对方分别在什么时间说了哪几句话吗？

答案显而易见。你只会记得朋友大概说了哪几句话（有限的记忆容量），而且这几句话只记得大概的意思，却未必能够一字一句地精确复述出朋友的话（衰减的保真度）。

工作记忆跟短期记忆交替使用，但这种记忆跟长期记忆完全是两回事。也就是说，假如我们在阅读的时候，只是一味地去记忆知识，却无法通过工作记忆把学习到的内容转化巩固为长期记忆，那我们的书看完也就完了，并不会学习到什么东西。

所以，想用碎片化的方式去学习知识，无异于杯水车薪，只会徒劳无功。那在现今快节奏的时代，怎么阅读一本书才能够有所得呢？

每个人都有自己的学习方法，在这里我只分享自己是如何阅读一本书的，不一定完全适用于每个人，旨在启发大家而已。

我把这个阅读的方法称为"三二一一"法则。

一、 什么是 "三二一一" 法则

这个名字是为了方便自己记忆这个流程而起的，所谓 "三二一一"，就是四种阅读行为的总称。这个法则是我阅读期间，在书本上通过 "书写形式" 来学习的思考过程。

具体来说，"三二一一" 分别指的是：

1. 三个问题。

针对书本已有却尚未完全了解的观点，提出三个问题（一般是 what、how 和 when，但视具体情况而定），然后在书里或者书外寻找答案，回答问题。

2. 两个能够说明文章观点的具体案例。

针对文章的内容，找出两个具体的应用例子。一个是书中给出的已有例子，另一个是跟自己切身经验相关的例子。

3. 一个总结。

把每次通过前两个行为而学习到的东西总结为一个知识点，然后把这个知识点记录下来。

4. 一个行动。

根据已经获取的知识点，用具体的行动把它内化成自己能力的一部分，通过运用来加深对知识的记忆。

有了这个过程后，你的短期记忆就会朝着长期记忆转化。如果你平时能够把这些知识跟以往的知识串联起来，你就很难把它们忘记了。

接下来，我用一个具体的例子来说明如何运用这个法则阅读。

二、"三二一一" 法则的运用

以下这篇文章，摘录自乌尔里希·伯泽尔的《有效学习》。我就简单举例，看看如何用这个法则阅读这段内容。

学习，尤其是一种丰富形态的学习，是知识的拓展，是专业领域的扩展过程。在学习活动这个阶段，我们需要进一步深化对专业知识的理解。

这就体现了长期记忆的性质。关于长期记忆在学习过程中的作用，我们仍然用道路网络来做比喻。我们以熟知的道路网络为基础，选择一条不同以往的街道，了解这条路通向哪里、有哪些交叉点，那么我们对这条路的记忆就会更加深刻。用认知科学家的话说，这种行为就是在先前获得的知识基础上加深理解，从而达到融会贯通的认知水平。

以概括为例，概括就是把想法用自己的话说出来的行为。学习活动促使我们问自己：哪些才是重要的？我们如何用别的方法表述这个想法？这类思考是非常重要的。概括最为核心的想法，实际上就是在应用这个想法，把这个想法用于对我们有实际意义的场景。这种自问方式是非常有效的。

　　我们都能看出来，这种融会贯通的方式是另外一种形式的积极思维活动。比如，你在一本杂志里看到一篇文章后，想把这篇文章的主要观点讲给一个朋友听，这就是把学习的知识加以应用的具体实例，这样的做法也能帮助你从文章中收获更多。

　　再比如，你打算写一封邮件，详细说一说你对最近在Netflix（奈飞）上看到的一部纪录片的看法，那么你就需要回忆并描述一下该片的核心内容，需要把内容讲得特别透彻。研究显示，通过这样的行为，你会对这部纪录片以及主题内容形成更丰富的认识。

　　针对上述这段内容，运用"三二一一"法则的第一步，就是根据文章想要表达的观点，提出三个问题。

　　而这段文章的观点，就是"专业知识在应用中得到深化"。对于这个观点，我们可以先思考一下它的意思，但千万不要望文生义。为了更好地了解这个观点的意思，我们就要围绕它提出三个相关的问题：

　　1. 为什么专业知识在应用中能得到深化？

　　2. 怎么应用才能让知识得到深化？

　　3. 这种应用为什么会有效果？

　　有了这些问题后，接下来，你就要带着问题去阅读下面的内容了。

　　对于第一个问题，文章的第二段就给出了答案，就是在已有知识的基础上，获得进一步的理解，就好像在熟悉的道路上，走出一条新的路，然后了解这条路通向哪里，跟哪些地方交叉等。而应用，就是一条新的路。通过应用去深化学到的知识。

而如何回答第二个问题，文章中给出的答案是概括的自问方式，把学到的东西讲给朋友听，和用写邮件来回忆看到的内容。

至于第三个问题的答案就是，因为这些做法是一种积极的思维活动，能够把学到的东西跟自己的生活联系起来，做到融会贯通。

一般来说，我会用便签写下答案，然后贴在相关的页面上。以后翻阅的时候，一下子就能够提醒自己看的是什么内容了。

当你完成了第一步后，接下来的第二步就是找出能够说明这个观点的具体例子。这一步的作用就是通过文章的例子，把自己的隐性知识思考转化成显性知识。这是一种积极的思维活动，也是把书读出书本以外的感悟。

既然在完成第一步的过程中，已经找到了书中已有的例子，那么你还要做的就是给出自己亲身经验的例子。

针对文章中"应用"这个观点，里面的做法跟以前学习到的"费曼法则"有异曲同工的地方。

那就是把学到的东西在自己已经理解的基础上，复述给别人听，让别人也明白这个知识；如果自己无法顺畅地复述出来，或者说出来别人却不明白，那就说明自己对学到的知识还未完全吃透，这时就需要重新学习一遍了。

有了上面的理解，那么第三步，总结出这个知识点就很容易了，就是通过应用去深化自己学到的知识。对于这个观点，现在你已经明白背后的逻辑，也积累了相关的具体案例。

最后一步，就是在现实生活中，通过这种方式去应用知识点。看完一篇文章，真的把学到的内容复述给朋友听，或者把这些知识写成总结性质的文章，诸如读后感之类的。不管是哪种方式，一定要应用出来，而不是看完就把知识放在一边。

每一本书，不仅仅只有一个知识点，而是由很多知识点串联起来的。所以当我们掌握一个知识点后，我们必须跟之前学到的知识联系起来，形成一个符合逻辑的有机整体，从而让其变成我们的知识体系。这样的知识，才是"生知识"，才能够让我们的思维和能力有显著的提升。

这个"三二一一"法则，运用在阅读的过程当中，看似烦琐，其实只要你熟练了，你就能够把这些步骤整合起来运用。有了这个过程，你就能够更好掌握已有但不知道的显性知识，学习到还不了解的隐性知识。

虽然这样做，肯定比碎片化阅读的方式更花时间，但这些时间肯定花得值得。如果可以，尽量每一天都预留一些专属的时间用于阅读，在这段时间里，我们专心阅读和学习，除此之外，什么都不干。

阅读之后，及时把获得的知识点整理成思维导图。当想不起来的时候，拿起这些导图一看，就能够瞬间回忆起来了。

怎么做，才能构建自己的知识体系

我们学习知识的最终目的是什么？

就是培养我们理解问题的思维方式。

习得一种思维方式，必定要通过知识积累这个步骤。好比厨师，一看到桌上的材料，就自然知道它们可以做出什么样的菜式。因为在他们的脑海中，经过长年累月的积累，对诸如材料的搭配、分量的比重、味道的烹调等，都有一套完整的知识体系。正是这套知识体系，帮助他们理解到"如何把眼前这些材料做成菜"这个问题，从而最终解决问题。而我们普通人看到这些材料，却只能一头雾水。

这就是思维方式的作用。所以，想要获得这样的一种思维方式，我们必须得先建立起自己的知识体系。什么是知识体系？

所谓知识体系，指的就是把大量不同的知识点，系统、有序、指向性明确地组合成某种类型的知识架构。通过这个知识架构，我们可以更好地理解某些问题，解决某些问题。

与之相对的，则是碎片化的知识点。看到一篇时间管理的文章，如果文章写得好，我们就可以明白怎么做才能管理好自己的时间。然而，也仅限于此。碎片化阅读的知识点是比较单一的，忘掉也就什么也没剩下。

也就是说，知识体系好像蜘蛛网，能把不同的知识点有规则地串联起来，从而塑造出我们看到问题、理解问题的思维模式；就算把其中一些知识忘掉，我们因此拥有的独立思考能力也得以帮助自己继续工作和生活。

而碎片化知识只能"头疼医头脚痛医脚"，一旦脱离具体的应用环境就毫无用处了。

但这也能满足我们当今快节奏的阅读需要。只是这种习惯，距离建立自己的知识体系还远远不够。

当然，建立知识体系仅用一篇文章去讲述，会很困难。所以这里我只是分享自己的经验，希望能够借此启发大家，思考出自己的方法。

一般来说，构建一个知识体系需要经过六个大的步骤。而在每个大步骤下面，还有一些细分的小步骤。

只有经过这样一连串从点到面的过程，这个知识体系才能最终建立起来，成为我们自己的东西。

我们先从第一步说起。

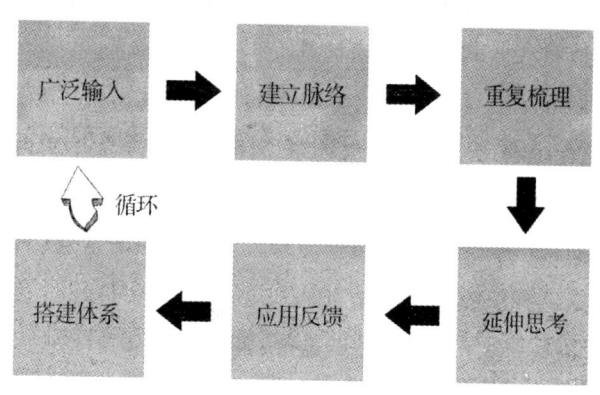

图6　构建知识体系的步骤

一、 广泛输入

输入，是积累知识其中一种重要的方式。

既然知识体系必须由很多的知识点组成，那么想要构建一个系统的知识体系，我们对于知识的输入量必须要足够广泛。当你知识的输入量还不足够时，就不要想着怎么去建立知识体系了。

但是，知识输入并不是随随便便看几本书就行的，一定要有具体的目的。这一点，要从你渴望构建的知识范畴做好输入工作。

在我们的日常生活当中，知识的输入大概可以分为三类：

1. 信息性输入。

听到的八卦趣闻，看到的新闻报道，阅读手机上的碎片化文章，甚至是别人的观点看法等，都属于信息性输入。

这种输入方式的特点，往往是知其然，而不知其所以然，没有明确的获取目的，也缺少深入的思考研究，为了知道而知道。因为比较零散，我们很难把它们构成一个系统的知识关联。

2. 理论性输入。

主动获得某种已经被编码的知识，把浅层的信息转化为有逻辑关联的知识点，建立基本认知。我们听老师授课也好，自己看书也罢，都是属于这种理论性知识的输入。

但很多时候，我们并不知道这些理论的知识点适用于哪些情况，不适用于哪些情况。如果缺少相关的思考，我们只会成为侃侃而谈的理论家。

3. 实践性输入。

就是我们做了，就会了解到事情是怎么回事的知识。例如我们学习骑自行车，我们想要把车骑好，没必要去学习动力学、机械学等相关的理论知识。只要我们坐上车试过几次，跌过几次，自然就懂得怎么骑自行车。实践性输入意味着我们会获得属于自己独特的经验体会，是构成知识体系的重要一环。

大部分人在输入知识时，只是停留在信息阶段。但如果想构建自己的知识体系，最好循序渐进，把这三种方式都运用起来，做到广泛输入。

输入一定要有目的性，要针对某一个范畴去积累，不能零散地东学一下，西学一点。在输入之前，你一定要问自己三个问题：

问题一，你是想学习这个知识，还是想学习这类知识？

问题二，为什么要学习这类知识，你的最终目的是什么？

问题三，输入到什么程度才算足够，有具体目标吗？

只有根据这些问题，设定具体的学习范围，然后从不同的渠道输入足够的知识，你才能够建立起知识的脉络。

二、 建立脉络

有了输入目的后，你就要从输入中建立知识的脉络。怎么做呢？

例如你想学习理财知识，有一天你无意中从新闻上看到

"存贷利差"这个经济学术语，这时对你来说，这个词汇只不过是一个信息性输入，以你目前的知识，压根无法理解这个术语的意思，只是知其然。

为了解决这个问题，你就需要把这个"信息"主动变成一个"理论性输入"的知识点。用带着问题寻找答案的方式去学习，就是获取知识点的第一步，也是最重要的一步。

你通过上网，总算明白了这个术语的意思。然而，这只是一个独立的知识点，你还没有跟其他相关的知识点建立连接。你忘掉了，也就没了。

你并不知道，这个知识点是在讲述什么经济问题时才会出现，又出现在哪里。如果你对这个知识点的"上下文"不够了解，就很难让这个知识点跟其他知识点产生关联。

这时，你的理论性输入就需要阅读一些通识类的入门读本，构建自己对于这类知识的整体认知，建立"上下文"的脉络。

这里有三个基本法则：

1. 选取的书籍最好是规范的入门教科书，能够让你容易理解知识的基础概念；

2. 针对这个知识领域至少阅读三到五本相关书籍，把握知识整体的发展方向；

3. 如果学习的领域没有可用教材，阅读的书籍一定是针对一个主题进行系统讲述的。

经过这样的知识搭建，你对这些知识就有了一个整体印象，知道这个知识领域到底研究的是什么；一些基本概念的意思，是谁提出来的，它又是怎么来的，你也能大概理解。

当你对这类知识的脉络有了整体的印象，你就能知道某个概念跟其他概念之间的关联，形成知识网。

所以你最终能知道"存贷利差"这个经济学术语的意思，是因为你知道存款是什么，贷款是什么，利差又是什么；对这类经济行为的知识、背后的发生机制有一定的了解，也清楚其逻辑。

这也是很重要的一点：学会对信息进行归类。把新输入的信息编码之后，归类到相关的知识领域，跟领域内的其他概念产生关联。

如果，无法跟其他概念形成关联，那么单独理解一个概念，你就很难透彻理解。而建立整体脉络是你对知识点归类理解的重要举措。

换言之，先针对你想学习的知识范畴建立一个整体脉络，然后根据这个脉络再深入积累知识点，形成关联，你就会更容易学习其他东西。

三、 重复梳理

重复梳理知识点是加深理解的重要手段。

这个重复可以对同一句话反复阅读思考，也可以对比不同的阅读材料反复比较理解。

例如"从众"这个概念，不同的书籍会给出不同的描述。在理查德·格里格和菲利普·津巴多合著的《心理学与生活》一书中，对于"从众"一词的描述是：人们采纳其他群体成员的行为和意见的倾向。

而在戴维·迈尔斯的《社会心理学》一书当中，对"从众"的描述则是：由于群体的压力而做出改变个体的行为或信念。

在桑德拉·切卡莱利和诺兰·怀特的《心理学最佳入门》一书中，对这个概念的定义描述得更为直白：为了迎合其他人而改变自己的行为。

看完上面这三种描述，我相信任何人对"从众"这个概念都可以得出自己的定义：不坚持自己，却跟着大家做一样的事情。

所以为什么要针对同一个知识领域，阅读不同作者的著作呢？因为这样做，不但能够更加容易梳理各个知识点，而且还能建立透彻的认知思维。正如你看知乎，同一个问题，有很多网友回答。有时候你看高赞的答案没有感觉，甚至无法理解，但转去看一些小众的回答或许会豁然开朗。

看完一本书，对于某些脉络还不够明白，最好通过其他材料重复梳理，那知识点与知识点所建立的架构就会更加牢固。

四、 延伸思考

想把一个领域的知识架构梳理得有头绪，除了在领域内进行理解，还要把这个知识点扩充到领域以外的地方，这样才能做到融会贯通。

也就是说，我们不能局限于学科内的运用，还要根据知识点的特征，扩散到去理解其他类似的事情上。

上面说"从众"这个心理效应，行为的发出者是"人"。

而这个世界的很多现象，都是由人在背后操作而形成的，那么由此延伸推及，产品生产有没有这个"从众"的现象呢？

A 公司推出了一个大受欢迎的产品，过了没多久，B 公司推出一个差不多的产品，最后，市场上出现了很多类似的山寨产品。这种跟风的现象，算不算从众呢？如果算，从众的背后，是基于什么心理呢？

我想你肯定会知道，利益就是其中一个驱使因素。大家炒股票，你也跟着去炒股票；这个时期流行拍宫斗剧，一些导演也跟着去拍宫斗剧。这就是跟风，某程度上就是从众。"风"就是"众"。

但思考还不止于此。再进一步扩散思考，你会了解到跟风和从众的本质区别。

跟风，是主动做跟其他人一样的事情；而从众，则多多少少有种被动受到群众影响而做跟其他人一样的事。

经过不断的延伸联系思考，你会知道，学到的这个知识点，可以跟领域外的什么事情联系起来，又跟哪些事情无法扯上关系。这就是知识点的边界：可以到达什么地方，又不能到达什么地方。

比如有人说，他的偶像出轨是因为这个圈子很多人都这样做，于是他也受到影响跟着这样做了，这是一种从众心理，大家不能责怪他，他也是受害者。

如果你对"从众心理"的边界没有正确的理解，缺乏独立思考能力，那就很容易同意对方的论断，得出错误的结论。

所以把各个知识点构建成一个系统的架构之前，你要先进

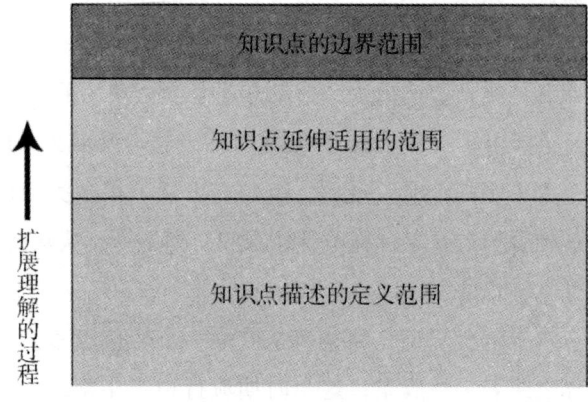

图 7　知识点的适用范围

行一个延伸思考。想一想，这个知识点可以套用在哪些类似的地方？哪些地方又不能随便套用？基于什么条件，这种套用才能够成立？

只有经过这样的延伸思考，你的知识体系才会慢慢成型。

五、 应用反馈

应用是建立知识体系这个过程当中，不可或缺的重要步骤。

应用的作用有两方面，一是输出学到的东西，加深对知识的理解，形成深刻记忆；二是通过实践性输入，建立反馈机制，从而形成切身体会，获得自我经验。

美国教育专家埃德加·戴尔，在 1946 年提出了一个称为"学习金字塔"的理论。他通过研究得知，单纯的阅读，能够记住的知识最多只有百分之三十左右。然而通过模拟实践，主动应用，能够记住的内容却能高达百分之九十左右。

图8　学习金字塔

这就意味着，想要构建自己的知识体系，应用是必不可少的方式。

那怎么应用呢？

正如埃德加·戴尔给出的建议那样，用讨论、实践和教授他人的方式。不过在这里，我给出自己具体应用的看法。

1. 讨论。

不一定跟别人讨论，也可以自我讨论。当吸收一个知识点的时候，围绕这个知识点问自己几个基本问题。

继续用"存贷利差"这个概念做例子。这个"存贷利差"的核心作用是什么？它跟什么事情有关联？需要具备什么样的条件，它才能够正确发挥作用？

当你针对这个知识点，从不同的方向死啃时，这种"应用"自然会让你理解深刻。

2. 实践。

股市的操作只有两个基本手段：低买高卖。但是真正轮到初学者去做的时候，大部分人压根不知道从何入手操作。这时，最好亲自到证券市场跑一趟，在具体的环境作用下，你对于这件事的理解会更加深刻。在这个理论知识的基础上，通过实践性输入，你的大脑对于事物的理解，才会有一种被打通的感觉。

就算是一些理论和概念，你也可以拿来做写文章的论证前提和理由，把它们用起来，做到学以致用。

3. 教授给他人。

把学到的知识教授给他人，算是对知识深度理解后的输出。

跟朋友聊天，如果你能够把一个知识点清楚地解释给朋友听，朋友能够明白，那么说明你对这个知识点已经掌握得七七八八了。

如果你能够做到上述这些，就意味着你开始构建你的知识架构了。最后一步，就是搭建自己的体系，形成系统。

六、 搭建体系

有了理论的理解，也有了实践的经验，通过这些"材料"，你就可以搭建自己的理论体系了。

照本宣科是书呆子的行为。一个拥有自身知识体系的人，必定能够跳出书本的条条框框，拔高视野，从已有知识的基础上，发展出自己的理论体系。

这里要说一点，自然科学和人文科学是两种不同的知识体系。自然科学是研究这个世界客观存在的物理现象和自然定律，$1+1$ 等于 2，无论物理学家怎么辩驳，它就是等于 2；没有氧气，我们人类就会死，无论天文学家怎么矢口否认这个事实，一旦缺氧，我们人类就是会死。

但人文社科不是这样，充斥着各种无法统一的理论与观点。哲学家 A 说，幸福就是你能够追寻到属于自己的人生意义；心理学家 B 说，幸福就是个体做事所获得的心理感受超过原有的心理期待；经济学家 C 说，幸福就是所有的资源分配都能够满足自身的稀缺性。

我们能够证明谁对谁错吗？我们谁都无法证明！

换言之，自然科学能够证伪，你说 $1+1$ 等于 3，懂数学的人立刻就可以证明你是错误的；即使现在证明不了，迟早可以证明。然而，人文社科就很难做到这样子，只能通过概率去印证。

甲追寻到自己的人生意义，但并不觉得幸福；乙追寻到自己的人生意义，而且幸福得不得了。你能说哲学家说的不对吗？只能说，个体体验的不同导致了感觉的不同。

而我们要做的，就是发现理论的缺陷，然后修补它，甚至替换它，发展出自己的体系。

所以搭建知识体系，就是对已有的知识架构的漏洞或缺陷进行修补和更新。

如你对哲学家 A、心理学家 B 和经济学家 C 对"幸福"的定义（已有知识架构）存在疑问，发现了这个定义的漏洞，那么你就可以在这个基础上提出自己的对于"幸福"的定义（修补完善和更新）。

例如随着科学的发展，当今心理学家发现弗洛伊德的一些理论不太适用于解释某些心理情况，于是就更新了这方面的理论体系——更新是有理有据的，不是说我要更新就更新。

当你能够基于已有知识对某些事情发表出自己的观点，而这些看法既是出自某些理论体系，却又能够不受制于这个理论，你能够提出自己的论据时，那么就可以说，你的知识体系已经搭建起来了。

当然，这个过程不是一时半会儿就能够做到的，要投入相当数量的时间成本才行。但只要你在这个追寻知识的过程当中获得了快乐，你一定会在不知不觉当中感受到自己思维的变化。

最后，总结一下建立知识体系的大概流程：先广泛输入，针对某个领域获得大量的知识点；然后把这些知识点按照特定逻辑梳理成系统的脉络，建立关联；再经过重复梳理和延伸思考，理解到知识点的应用范围，接着就可以通过实践加深印象和获得经验；直至你能够从这些已有知识的基础上，找到缺陷，通过修补和更新，发展出自己的理论，最终形成你自己的知识体系。

六种思考模型，帮助你提升认知能力

人生总会遇到各种各样的麻烦。当我们面对人生的困难时，提升你的认知能力，才能够更好地解决问题。以下这六种思考模型，可以让你在面对不同的困难时，也有清晰的认知思维去处理它们，做出正确的决定。

一、 是非原则模型

想要拥有快速的决断力，最有效的方法就是通过"是非原则"模型做出判断。

美国前任总统奥巴马，在某些军事行为上，也是以此做快速决策的。

有时候我们面对某些难题需要权衡利弊，却又没有足够的时间思考太久，那么这一原则就能够派上用场。

例如，前男友找你求复合，你要对此做出决定，你可以针对这件事，连续问自己三个关键性的问题：

1. 你是不是还喜欢他？

2. 是不是可以原谅他？

3. 是不是没了他过不好？

就算你第一个问题回答了"是"，但后面两个却给出了"否"，那么最终的决策就显而易见。无论现在你多么喜欢前男友，你也要决断一些，拒绝对方的要求。

这个决策思考模型，在医学上、管理学上，甚至在政治领域都很有参考价值。毕竟在面对某些事件上，我们压根没有多余的时间去思考；有些事即便有时间思考，你拖得越久，反而让自己更受折磨。

正所谓"剪不断理还乱"，用是非原则做决定，你才不会被这些问题拖累。

这个原则的关键之处在于，三个问题一定要跟自己的切身利益相关。正因为跟自己的切身利益相关，所以你思考的时间会更快。毕竟对于"你是否支持劫富济贫"这种问题，你可能会很纠结，但如果问题是"劫你的富去济贫好不好"，你就知道该怎么反应了。

其次，三个问题当中，只要有一个"否"，这个决策就不可行；要有三个"是"，这个决策才可行。这样才会给自己足够的理由去行动。

但是，快速并不意味着鲁莽，每个问题的背后，你一定要找到支撑的原因。

正因为这些原因跟你有切身的关系，对你的影响非常深刻，所以基于此，你才能做出"是"或"否"的决策。

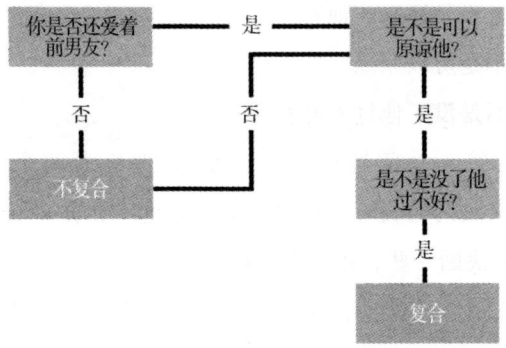

图9 是非原则模型

二、 艾森豪威尔矩阵模型

我们做事，一定要懂得区分轻重缓急，这是时间管理的重要一环。

如果你经常去做一些不重要的事情，而把重要的事情一拖再拖，你就很难真正完成自己的目标。

美国前总统德怀特·戴维·艾森豪威尔曾经说过："最紧迫的决策，通常都不是最重要的。"

作为时间管理的大师，艾森豪威尔对于事情的安排，给出了四种情况的区分：

1. 重要，但不紧急；

2. 重要，而且紧急；

3. 不重要，也不紧急；

4. 不重要，却紧急。

这是时间管理的其中一个步骤，我们给自己安排任务之前，先按照这个法则，梳理好自己要做的事情，到底是处于哪种状况下。

然后先把重要而且紧急的事情做完，例如当天工作的任务、明天要提交的报告、准备另一半今晚的生日庆祝等。

接着再安排时间去做重要但不紧急的事情，好比每天的阅读活动、口才的锻炼、学习写文章之类的。

至于不重要也不紧急的事情，则有空的时候再去做，如玩游戏、看电视等。

最后紧急但不重要的事情，可以的话拜托其他人做；不能假手于人的，就在完成重要而紧急的情况下，再去做它们。

一般来说，我们一天当中，都会交杂出现这种类别的事情。

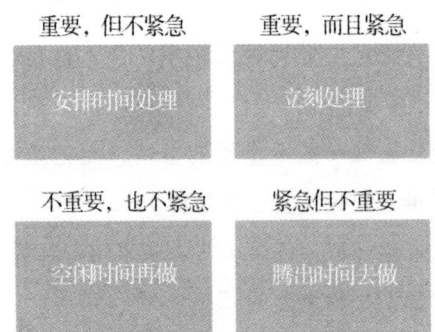

图10　艾森豪威尔矩阵模型

只要我们给自己制定一份任务清单，大概划分好事情的轻重缓急程度，我们就能够更好地管理自己的时间，把事情做好了。

三、　个人能力模型

很多人对于自身的能力，并没有深刻的了解。

然而，自身的能力该怎么去衡量高低呢？个人能力模型就是以此作为基点，评估自身能力的情况。

根据这个模型的三个维度，每一段时间，问自己以下三个问题，然后根据一分（完全不适用）到十分（完全适用）的分数，将你的回答填入这个模型当中。

这三个问题分别为：

必须：你目前的能力，在某些事情上，是你必须要掌握的要求吗？

能够：你想要做的事和你的自身能力，能够多大程度做到吻合？

想要：你目前的能力和你真正想要的结果之间，有多大的关联性？

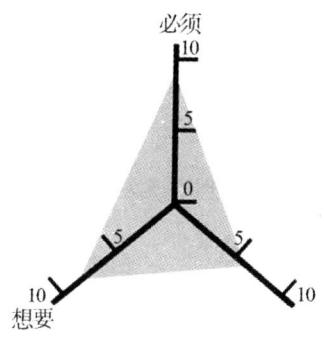

图11　个人能力模型

譬如你想提高自己的写作能力，但这又不是太重要的事情，那么你"必须"的分数，就不会太高。正因为不会太高，你行动的意愿也不会太强烈。

如果现在让你写一篇文章会感到很吃力，那么你的能力在这件事上就显得不太足够，彼此无法做到匹配吻合。所以也表明，你的能力跟想要的结果之间并没有太大的关联性。换言之，你的能力无法输出你想要的结果。

这时你应该懂得怎么调整了。

刚开始，你先把评估分数记在这个模型上面。隔一段时间后，大概一个月左右，再填上相应的分数，看看"三角形"的变化形态。如果模型当中的"三角形"不断在变化，说明你在自我调整；如果"三角形"总是一样，你就要问一问自己以下这些问题：

这些事是不是你真的想要的？

你有没有能力得到想要的结果？

你在现有的基础上，还能做些什么？

你是否真的希望自己能够掌握这些能力？

回答这些问题，有助于你弄清楚自己的方向，让你有针对性地调整努力的策略和方法。

记住，如果有什么是你现在无法做到的，你应该努力培养这样的能力，而不是放任自流。

四、 认知扭曲原理模型

认知扭曲，是人们做判断时通常都会犯的一种错误。这种认知上的思考错误会影响我们的决定，更糟糕的是，我们所有人都无可避免地会犯这种错。

由于大脑的固有运作机制，这种认知扭曲是无法解除的，但我们可以锐化自己的思想，把这种认知上的错误尽量降到最低。

认知扭曲有很多种类型，最常见的大概有四种：

1. 锚定效应。

所谓"锚定"，其实就是最先植入我们脑袋中的关键信息，就好像船只被抛锚稳住了一样，其后我们的思想都会受到这种信息的"稳住"，从而影响我们的判断。

例如我跟你介绍某个人，说："他是官二代，人品很差，你跟他相处要小心。"

那么你听到我这句话后，不管有意或无意，你以后跟那个人相处时，总会以一种"审视"的态度去跟他接触。因为我的话，已经"锚定"你了。

2. 验证偏见。

对于某些事情，我们总是带着已经形成的假设和想法去解读眼前的信息。有时候甚至刚好相反，你会屏蔽所有与自己意见相左的信息，忽略所有不利的意见，有选择性地看到你想看的东西。

例如你的偶像犯了错，作为粉丝的你，是不是总是"一意孤行"地去证明偶像并没错，或者觉得那些批判他的话，就是一种针对呢？

即便你跟偶像一天都没有真正相处过。

3. 可用性偏见。

每个人都会以自我为中心去评价外界的事物，因为这个评价体系是来自你自身的经历，也是唯一可获取的参考来源。

例如，你在一个商场看到两三个美女，就认为这个商场有很多美女出没。这种评价就是以自己的记忆和获取到的信息作为评价体系。然而这种评价，往往不是建立在客观的数据和相关的事实上面的。

有时候我们做决定，难免会以这种"自我评价体系"审视事情，这并没有错，只要不把它当成真理就行。

4. 快慢偏差。

很多人往往认为自己凭直觉就能够判断事情的正确与否。相信直觉也是我们的认知扭曲。

例如一个很简单的问题：球拍和羽毛球加起来一共 1.1 元，球拍比羽毛球贵 1 元，那么它们分别是多少元?

是不是直觉告诉你，球拍是 1 元，羽毛球是 0.1 元呢? 要是这样，球拍就只比羽毛球贵 0.9 元了。凭直觉，是我们做决策时一种非常有用的方式，但并不是所有时候，运用直觉做决定总是是在，尤其对于一些重要的事情上。

我们做决策时，很多时候都会无意中受到这四种认知扭曲的影响，我们必须加以注意。

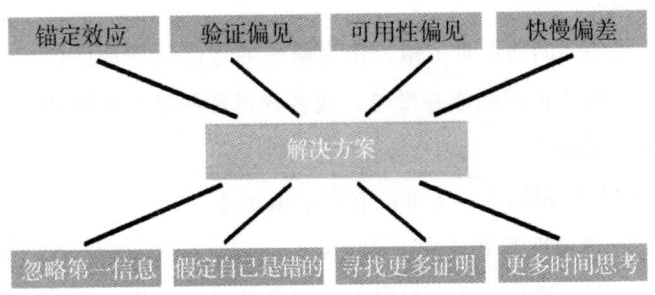

图12　认知扭曲原理模型

五、 肯定式探询模型

肯定式探询模型，其英文是 Appreciative Inquiry，一般会简称 AI 模型，或者 AI 思维。这是美国管理专家大卫·库珀里德开发的方法。

这个模型既可以应用在公司运营上，也可以用在对待个人本身的长处、正面的特质和潜力上。其特点是由两个要素组成的：肯定和探询，旨在让我们把注意力放在事情的积极面，而非消极面上。

这就是 AI 思维。

当你遇到某些困难时，任何抱怨和批判都是一种对消极面的反应，某种程度上是于事无补的。

但如果你能够学会肯定式探询的思维，你就会慢慢发现事情的可取之处，从而有针对性地去改变方法，调整行动方案。

把"为什么问题总是存在"，转换成"试试以这种方法能不能解决问题"，这种思维的转换，就是让你通往最终目的的前奏。

你怎么看待问题，会透露出你是什么样的性格。根据人们对于意见的不同反应，可以将其区分为四种基本类型：

吹毛求疵型：这个点子还有问题，那里还是不好……

独裁型：不行！这个点子我不喜欢，你一定要这样做！

悲观型：你这个点子是不行的，做不做都是一个样子。

AI 思维型：是的，我们可以试着这样做，或许还有机会……

本杰明·富兰克林说：任何蠢蛋都能够批评，大多数的愚昧之人确实也都这样做。

所以，以一种开放和正向的态度去面对问题，才能够真正把问题解决。任何负面或者消极的言谈，不仅不能解决问题，反而会制造更多的问题。

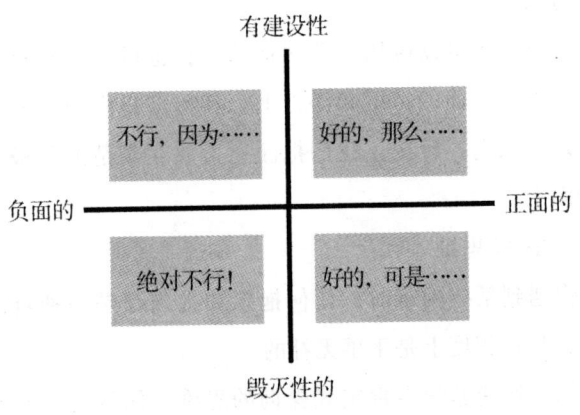

图13 肯定式探询模型

六、 双重回路学习模型

这个模型指的就是自我反省和从反省中获得学习的能力。其中,"二阶观察"这个理念更是这个理论的重中之重。

严格来说,这并不是一个模型,而是一个让你学会"转废为能"的技巧。通过这个技巧,你懂得从错误中学习,让自己变得越来越精明和厉害。

怎么做呢?就是让自己成为二阶观察者,并学习怎么去观察一阶观察者。所谓"一阶观察者",就是亲身经历事情的当事人,他们看到的只是眼前的事物。而"二阶观察者"就是观察一阶观察者的人,基于他们的观察方式获得观察。

例如你看足球比赛,通过录像回放,你知道场上的裁判做出了错误的判罚,那么你就是二阶观察者。你之所以跟裁判持有不同的观点，是因为你置身场外，能够更客观地对待这种判决。

由于一阶观察者和二阶观察者的观察方式不同，导致他们所获得的信息也有所不同。

一阶观察者有时候并不知道自己观察方式的缺陷，这是他们的盲点。如果你作为二阶观察者，能够识别这种盲点，采取不同的方式去看待事情，你就会学习到更多的东西。

心理学家克里斯·阿吉里斯基于这个理论，建立了双重回路学习方式。

在最理想的情况下，单一回路（一阶观察）是最好的做法，毕竟有些事情不亲身试过，你压根不知道是怎么一回事。

但是，一阶观察的局限是只能解决即时的问题，头痛医头，脚痛医脚，问题的根源可能依然存在。这时就需要引入二阶观察。

有些事情，当你无法找到问题的突破点，自己怎么做都做不了时，那么给自己再添加一个回路（二阶观察），你就能够把自己抽离出来，从更加宏观的角度去审视这件事，专注解决问题背后的原因，或者通过对别人的观察分析和咨询请教，你会更加了解问题的核心症状。

例如你跟另一半吵架，你想修复彼此的关系，解决的办法，不是让自己忍让当前这一次吵架（单一回路），而是你要怎么做，才能够避免以后出现类似的争吵（双重回路），这才是核心要解决的问题。

我们想做的事情和实际做到的事情，多多少少会存在差异，而运用双重回路学习法，就能够减少这种差异，让我们真

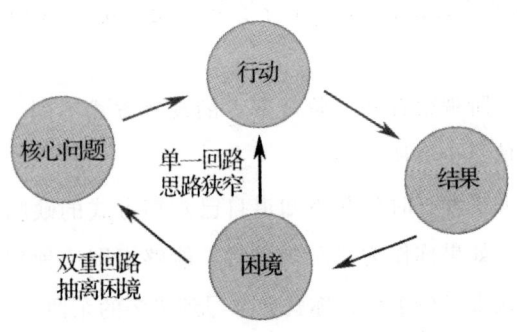

图14　双重回路模型

正学到东西，把问题解决。

　　有时候我们学习一个新的技能，不是因为学了它，我们就能够立刻变好，而是因为我们相信学习这个技能自己会变好，所以才一直坚持去运用，直到我们真的从此变好。没有什么方法能够让你一秒就获得改变。任何能力的提高，都是用汗水和时间换来的。

　　坚持很重要。无论你学习什么，有意识套用在自己的日常生活当中，直到你大脑里相关的神经元连接起来，你才会最终掌握它们。

　　这就是进步了。

第二部分

心态的调整

懂得调整自己，才能面对人生的某些烦恼

有一个朋友曾跟我诉说了自己的烦恼。

他是一个财务，喜欢务实的工作环境，而他的女老板却有着卖保险打鸡血的风格，诸如让员工参加吆喝大会之类，为自己鼓励打气这样。

而朋友对此不太愿意，开始几次强迫自己参加，全程面无表情。正因如此，导致老板开始区别对待他和其他员工。

于是朋友就对此产生了抵触情绪，在不断的忍耐之中有了无法控制自己的冲动。他觉得自己处世不够圆滑，经常把喜怒挂在脸上。

这个问题，是不是我们大部分人生活当中都会遇到的烦恼呢？

很多时候会身处一个舒适区以外的环境，做着一个不是自己的自己，或者不知道怎么做才能够融入那个环境，甚至压根不想去融入。但不融入，麻烦又好像不断出现，弄得自己很憋屈，很不好受。

别人对我们随便说的一句评价，就会影响我们的心情，不是自我怀疑，就是心生怨气；我们总是固守自己的阵地，抗拒接触那些我们从未喜欢的人和事，不是孤立无援，就是我行

我素。

为什么会有这些问题出现？

因为，我们太渴望外界能够改变，以期适应我们自身的生存方式了。

你心里会觉得，我是一个内向的人，内向的人就应该安安静静地坐在一旁，你们为什么硬是要拉我去唱歌跳舞呢？我就是不喜欢说话，为什么你们经常要强迫我站在台上演讲呢？我这么一个自卑的人，你们为什么就要取笑我呢？我就是这么个牛脾气，你们为什么就不能让一让我呢？

然而这种渴望，能够让外界改变吗？

不行！

至少我们不能要挟外界为了我们而去改变，这不现实。

那是不是我们就不争取让外界改变呢？也不是，有时候我们要懂得适当地表达自己的想法，让别人也知道我们的感受。

但是，在你期待别人改变之前，你首先要懂得做好自己。这个做好自己，就是既不被外界影响自己，也能够为外界而适当去调整自己。

你需要一个更完善的自我去应对世界。

一、 你现在的自我是处于什么状态

美国心理学家大卫·雪纳瑞提出了一个概念，一个人能够真正变得强大，很大程度上取决于他是否拥有一个"稳固并且灵活的自我（A solid，Flexible self）"。

什么意思呢？

就是说，一方面，我们有着不受外界评价影响的稳定的自我价值感，而另一方面，我们又不会局限于自己的自我概念，能够灵活地在不同的情形下表现和发展多面的自我。

一个完善的自我人格应该同时拥有这两种自我特质，才能够让自己在这个纷繁复杂的世界中变得越来越强大。如果缺少任何一种，我们不是顽固不化、冥顽不灵、故步自封，就是见风使舵、虚与委蛇、毫无自尊。

事实上，现在的你如果与外界接触相处的时候，会产生各种各样的内心烦恼，绝大部分的原因就是你无法建构这样一个完善的自我状态。

你要想一想，你现在的自我状态，到底是怎样的？

二、 什么是稳固的自我

一个稳固的自我对于自我存在的价值感，是不会出现摇摆不定的状态的，更不会被外界的质疑和否认而影响自己。

例如，在成长的过程当中，你意识到自己是一个性格友善的人，因为你经常乐于助人，与朋友相处融洽，很少起冲突，受到众人的赞美。然而突然有一天，你在坐公交车的时候，因为太累打瞌睡而没有把位置让给有需要的老伯伯而被对方指责，说你没礼貌，不懂尊老爱幼，对人不友善。听到这个老伯伯这样说，你到底会很生气还是会若无其事呢？

一个没有稳固自我的人，听到老伯伯这样说，不是怒气冲天，就是心有愧疚。他们心里肯定会想：

什么？你说我对人不友善？可恶，我身边的朋友都称赞我好，你这个老家伙居然因为我太累没有让座给你就说我没礼貌，凭什么这样说我啊，气死我了！这种怒火，甚至回到家里依然不能消散，一直感到愤愤不平。

另一些人就会因为自己这次没有做到友善，心里感到很愧疚。为了证明给别人看自己就是这样的人，往往会刻意表现出类似的行为。

而一个有稳固自我的人会怎么处理呢？他不会对老伯伯这种评价过分生气，只会对他的行为感到惊讶。毕竟让座不是每个人的义务，不可能因为我太累没有让，你就来指责我。我没有做错，是这个老伯伯的思想太差而已。

他不会对这件事一直耿耿于怀，当事情过去了，问题也就不存在了。他会自我怀疑吗？不会！他会因为这事觉得自己不是一个友善的人吗？不会！因为他很清楚问题不在自己身上，而是在别人那里。

但是很多人，却没有这样一个稳固的自我。

被男朋友分手了，就找闺蜜哭诉，我是不是真的那么差，他才不喜欢我呢？被同事嘲笑是笨蛋，找朋友诉苦，难道我真的那么蠢吗？是不是什么事都做不好？被老板责骂，就在朋友圈发泄，看来我真的做不好这份工作了，应不应该继续下去呢？

一个没有稳固自我的人，很容易就受外界影响，因为他连自己是一个怎样的人，都完全不知道。

试想一下，你知道自己长着一头黑发，这一点你非常清楚。然后你遇到某个人，他说你的头发怎么是绿色呀，你会有什么感觉？你肯定觉得对方是傻子，瞎了眼。

但如果你并不清楚知道自己的头发是黑色的，而且社会普遍有个共识认为头发是绿色的并不是一件好事，然后你遇到某个人，他说你的头发是绿色的，你又会是什么感觉呢？你肯定惊慌失措，自我怀疑，忐忑不安，希望能够印证自己的头发不是绿色的。

于是你拼命去照镜子，这个镜子就是你的朋友、家人、老师，甚至一些权威的人士，希望通过他们的嘴巴告诉你，你的头发并不是绿色的，以求获得安慰。

问题是，一个自我稳固的人无需以这种方式去获得印证，他自己就很清楚自己的价值所在，这个价值早就在生活的方方面面体现出来了。

只有那些连自己的价值都不知道的人，才会在乎这些评价，然后被他们影响自己的心绪。

三、 什么是灵活的自我

既然做人首先要有一个稳固的自我，那是不是代表就要成为一个固执的人，什么人的意见都不听取，什么好的建议都不接受呢？

不是。

做人要灵活变通，其实说的就是在稳固自我的基础上，再添加另一个自我，就是灵活的自我。

这两者不是矛盾的，而是相互补充的。

所谓"灵活"，就是你的自我概念不会僵化，或者停滞不前，你会懂得根据环境和场合的变化，用恰当的方式表现出来。

例如你是一个安静内向的人，不苟言笑，这是你的稳固自我，你对此也深信不疑。如果这个时候，你的好朋友要结婚了，那你是不是也一直板着脸，笑也不笑，什么恭喜的话也不说地出席婚礼呢？

我相信一般人肯定不会这样子表现，但那些稳固自我僵化的人，就会这样。他们会觉得，我就是这样子啊，我就是不能表现出喜悦的状态，我就是不会说恭喜的话，你们不能怪我，因为我就是一个安静内向的人。然后希望外界改变去适应他们。

圆滑，并不是虚伪，而是懂得变通。一个拥有灵活自我的人，会持有一个开放的心态，去探索和接纳生活的可能性，不断让自己获得成长。即便你原本是一个内向的人，但你可以在此基础上，不断添加一些新的技能，丰富这个自我，适应各种不同的场合。

你对自己的定义是一个"不懂照顾别人"的人，现在让你去参加军训，跟队友相互扶持。看到队友受伤了，你是不是会抱着我不懂照顾别人这个自我，站在一旁看着队友痛苦喊叫而什么都不去做呢？甚至反过来让他们去适应你？

你肯定不会，一般人都不会，只是你还不知道怎么做而已。

如果你学习了怎么照顾受伤的队友这个新技能，下一次面对这些情况，你自然就会懂得怎么做。而这，就是成长。

一个有灵活自我的人会根据不同的场合，表现出最适合的那个自我。

你私底下也许喜欢沉默寡言，不苟言语，可是一旦参加朋友的婚礼，公司的年会，你就能够根据当下的情景表现出适合的举动，这就是灵活。

这种灵活，无需像那种天生就拥有此技能的人那样，做到那么完美，你只需要适当表现出来这种特质就可以了。别人能说十句恭喜的话，你在沉默寡言的基础上说一两句，足矣；别人可以表现出十分的热情，那你在内敛的基础上表现出五六分，就够了。

成长，意味着你能够掌握足够的技能，应对不同的环境。

四、 建立一个完善的自我

想一想，现在的你，稳固自我是什么样子，灵活的自我又是什么样子？

一个完善而强大的自我，需要做到稳固而灵活，缺少任何一个都会让人陷入某些麻烦里面。如果你自我的稳固性还不够，你就需要加强它；如果你自我的灵活性还比较僵化，你就需要圆滑它。

怎么做呢？

首先，自我评判你的价值来源。

稳固的自我需要建立在某些价值上面。你长得漂亮，这就是你的价值，你非常了解这一点，所以就算别人开玩笑说你长得不好看，你也不会认为自己丑。

或者你是一个内向的人，但思考能力很强，那么别人就算说你口才不好，你也不会有什么感觉，因为说话不是你的价值所在。

当你找到自己的价值所在，然后朝着这方面去加强这种价值，让它成为你的优势之一，你的自我就会变得越来越强大。

所以，你要了解自己是一个什么的人，可以发展哪种优势。假如现在的你一无是处，你就要想想，你愿意建立一个什么样的稳固自我，是内向而深层的分析者，还是内向中又带点奔放的社交家呢？

给自己做好定位很重要。

其次，你要意识到这个自我的价值极限。

就算你觉得自己是一个很漂亮的人，但这个世界比你漂亮的人有很多很多，而且每个人的审美眼光不同，在这个人看来你是漂亮，在另一个人看来，你也许长得只是一般般。

同样，你强劲的分析力用在应试做题上面很厉害，但也许用在解决日常生活的困难上就不灵了。如果你不知道这种价值的自我极限，一旦别人针对你这个自我有了不好的评论，你还是会自我怀疑。

了解自己的前提，就是你清楚自己的价值所在，也了解自己的价值所限。

你可以挑战自己的极限，证明自己还能更好，但在此之前，你必须要清楚地知道，当前自我的极限到底在哪里。

再者，在稳固自我上添加一些灵活的技能。

我以前也是一个内向沉默的人，不太喜欢说话，不太喜欢聚会，于是在那些年，我只能通过写作来建立价值，获得一个稳固的自我。

但我发现，这个样子会妨碍我更好地实现自己的目标，毕竟不可能在我与人相处的时候，别人一看到我就知道我写作很厉害。而且这个技能，对于我出席那些公众场合一点帮助都没有。为了改变这个状况，原本不敢说话、不会说话的我，开始在写作的基础上，继续添加自己的价值，学习演讲和辩论。

没错，现在的我，私底下依然是那个内向沉默的人，如果没有必要，我不会浪费时间去参加什么聚会。

可是，我的态度一直是开放的，对于那些公众场合，我变得不会像以前那么抗拒。朋友结婚的时候，需要我上台即兴说几句恭喜的话，我也没问题，会表现出该有的热情和喜悦。

难道这是虚伪吗？当然不是。只不过我懂得根据场合，选择适合的言行举止去表现而已。回到家里，我还不是看看书，写写公众号。什么？约我唱歌？不好意思，没兴趣！

最后，不要自我设限。

很多时候你之所以无法获得进步，是因为你给自己设立了太多框框条条。

当你稳固的自我超过你的灵活自我，你就会变得很固执，只愿意沿着自己固有的性格继续走下去，很难让自己获得成长。

记住，我们发展灵活的自我，不是让我们变成另一个人，而是让我们在面对各种困难的时候，更加容易适应外部环境的变化。

你的稳固自我，决定了你是谁；而你的灵活自我，决定你怎么呈现你是谁。

世界是流动变化的，我们的个人成长也是。

千万不要自我设限。完善自己的自我状态，你才有了变得更加强大的基础。

怎么让自己快速成长起来，变得优秀

你有"彼得·潘综合征"吗？

小时候，我们总是渴望快点长大，期望能够体会到这个五彩缤纷的世界。可当我们真的长大了，又希望时间可以流逝得慢一点。很多事物还没来得及好好感受，就已经消失在我们的生命当中。

我们渴望长大，却又拒绝长大。因为长大后，并没有得到我们想要的东西。

现在回过头来看，想一想在你的生命当中，有哪些东西被自己错过而留下遗憾的？

原本有很多精彩的瞬间我们可以好好把握，也可以让自己的人生充满回忆，有时候就是由于自己的懦弱和消极，以致无法获得这些宝贵的体验。

我不知道此时此刻的你处于什么样的年龄阶段，不过我由衷希望你快点成长起来，从而让自己的人生减少这种唏嘘和遗憾。

这个成长，不是岁数，而是你对生活的理解度和掌控度。当你越来越清楚地知道自己应该怎么去掌控生活时，你才能称得上获得成长。

一、 为什么你无法 "成长起来"

在人格心理学里有一种理论，就是控制点（Locus of Control）理论。

这是心理学家朱利安·罗特提出的一个描述个体对生活事件会产生何种责任知觉的研究概念。具体的意思就是说，一个人他会将事件的责任归结于自身内部因素，还是归因于外部因素。

控制点在内的人，也就是内控者，他们会认为自己做的事情可以影响和掌控自己的人生；而控制点在外的人，就是外控者，他们会认为自己的人生和所得到的结果，都是由外界环境因素决定的。

例如有些人觉得，想要找到女朋友，无论是自身的外在打扮和内在心态都要调整得更好才有机会。

这就是内控者，把问题归结为自身可控的因素。

相反，有些人觉得，找女朋友哪有这么复杂，有钱有车自然就有女生主动找上门了。

这就是外控者，把问题归结为外部的因素。

当然，这并不说内控者会觉得钱对于追求女生没帮助，或者说外控者觉得自身素质的提高无法帮助自己追求女生，毕竟这两种因素不能分开来单独实践；而且在某些事情上，原本是外控者的人可能变成内控者。

反之亦然。

这个理论说的是，每个个体的控制点都存在"泛化预期"的情况。就是控制点在内的人，会比较广泛地认为做好自己才是主要的事情，不会那么看重外部因素；而控制点在外的人，他们就会相对比较看重外部的不可控因素，认为自己再怎么努力，也比不上外部因素那么有决定性的影响。

这就导致了控制点不同的人，他们的行为举止和思想态度，都会不同。

二、 更变控制点

哥伦比亚大学的心理学家沃尔特·米歇尔曾经在斯坦福大学做过一个著名的实验，就是棉花糖实验。

他找来了一些四岁的儿童，告诉他们来到这里可以得到一样奖励，好比得到一块棉花糖，或者选择等待十五分钟，就可以得到两块棉花糖。然后实验人员走出实验室，观察儿童独处时的反应，看看他们是否具有抑制短期冲动的自制力。

其结果是，一些孩子当场就把棉花糖吃掉，而另外一些孩子就忍到了最后，获得了两块棉花糖的奖励。

沃尔特·米歇尔教授对这些参加实验的孩子进行了为期数十年的跟踪调查，结果发现自制力强的孩子最终会取得更好的社会成就。

而在对这个实验的录像进行反复研究之后，米歇尔教授发现了两组孩子的不同特点。

吃掉棉花糖的孩子会死死盯着棉花糖看，行为举止表现出很挣扎的样子，尽量克制自己拿起棉花糖的欲望；而没有吃掉棉花糖的孩子却并没有刻意克制自己，只是正常表现，随处走动，当作没有看到棉花糖一样，分散自己的注意力。

这个实验主要说明了个体的自制力会如何影响自己取得的成就，但这也侧面说明了，自制力这个内部因素控制点是如何造就个体不同的行为选择的。

假如棉花糖是外部因素，而控制自己获得奖励就是内部因素，那么控制点在外的人，一旦抵不住诱惑把棉花糖吃掉，他们就会把问题归咎于外部因素实在太诱人，自己控制不住；而控制点在内的人，能不能控制自己不吃掉棉花糖，不在于棉花糖本身，而在于自己的努力。

之后，米歇尔教授告诉其后过来做实验的孩子，启发他们自己寻找抵制诱惑的方法，诸如允许走出实验室，十五分钟后再回来等。果然，获得奖励的孩子随即增多了。

也就是说，更变控制点，运用策略让自己从外控者变成内控者，把外部因素的诱惑（眼前美味的棉花糖），转移到内部行为的选择上（主动远离棉花糖），就是取得成功的关键。而这，也是你能不能获得快速成长的界线：你是否能够主动做出策略行为的选择来抵制舒适带来的诱惑？

所以，不要再给自己借口说没有变好的外在条件。

从现在开始，通过策略的选择来转移自己的控制点，以内控者的思维刻意去做一些特别的事情，你就能够快速成长。

那应该要做些什么事呢？主要集中在三大范畴上。

1. 做一些从未做过的事。

重复固有的行为是无法让我们变得更好的，而让自己获得成长的最快速方法，就是做一些自己以前从未做过的事情。

不管你现在是处于什么的状态，一旦这个状态持续了很长时间都没有显著的变化，这时你就需要找到一件陌生的事情或者一项陌生的技能，让自己投入时间去学习。当然，不是坏事啊！

为什么这样做可以让自己获得快速成长呢？

这跟我们的调适性心理有关，我们大脑很讨厌做不擅长的事情，但如果你强迫自己做一些舒适性以外的事，大脑为了适应这种挑战，就会尝试去理解和学习，去适应它。

所以，当你能够从不会做一件事，变成会做一件事时，那你就会从这个过程是积累到很多的信心，你也可以从中培养出一种属于自己的能力。

其中的关键就在于，你不要把那些做过却做不好的事情，当成是从未做过的事那样去行动。

把做不好的事情做好需要你长时间的刻意练习；而把没有做过的事情做出来，则可以让你获得新的认知能力。

我是希望你能够去做一些你之前完完全全没有做过的事情。

我父亲六十多岁，以前一点都不懂电脑，智能手机刚出来那段时间，也宁愿用着老式的键盘手机，不想换新的，他把问题归咎于现在的科技太复杂。所以当他买了电脑后，他就经常打电话问我怎么上网，怎么安装软件，怎么买股票，等等。我就一步一步教导他。但结果是，他只记得我教导的步骤，我没有教的步骤他却不会做。

后来他那台键盘手机真的跟不上时代的需求了，终于换新的了。为了让父亲不再经常"麻烦"我，当有一天他拿着新手机问我该怎么用的时候，我不再详细解释操作步骤，而是站在他旁边，指导他自己去弄。

这时他可能会按错键，或者错误打开程序等，没关系，就让他慢慢摸索，只要稍微提示他怎么纠正就行。当父亲对于每一种操作都有过自己的体会之后，现在无论是操作电脑，还是使用智能手机，他都能够独自解决大部分问题，很少再来麻烦我。

这就是做一些自己从未做过的事而获得的新认知。你不一定要把这些事情做到专业的地步，只要能做到上手的程度，可以应付生活的大部分需求就行了。

千万不要跟我说你做不了。神经科学已经告诉我们，人的大脑可塑性是非常高的。除了在一些需要创造力的事情上无法弥补天赋的差距之外，其他事情，我们通过个人的努力，完全可以学习和掌握。

找到一样你感兴趣却还没做过的事情，然后给自己制订一个行动计划吧。每段时间都学习一样新的东西，你就会因此快速成长起来。

2. 主动锻炼自己的大脑。

生活中，差不多有百分之九十的事情是通过大脑的默认系统去指挥我们行动的。

起床、刷牙、坐车上班、下班吃饭、回家看电视等等，基本上这些行动流程已经形成了固定的习惯。在这些过程中，我们的大脑几乎不用怎么思考就能够做出决定。

这种默认的思维系统能够很好地节省我们的精力，让大脑腾出更多的空间，去应对那些更为复杂的情况。

然而，一旦我们过分依赖这个默认的思维系统，而平时生活中那些复杂的情况又很少出现，那么久而久之，当我们遇到一些突发事情时，就无法立刻做出正确的反应，很可能就陷入一种蒙掉的状态当中。

为了让自己的思维保持灵敏度，你必须要偶尔刺激一下大脑，让大脑保持思考的习惯。最好的方法，就是刻意做一些让自己思考的事情。

我很少玩游戏，但是为了活跃自己的脑筋，我却喜欢玩一些解谜游戏。这些游戏不算很难，却能够给予你一定程度的挑战。

当你通过自己的思考把一个又一个的解谜游戏通关，你会很有成就感。因为玩的过程，也是一个启动逻辑推理的过程，你要根据游戏给出的东西，然后思考怎么利用这些东西才能进入下一个关卡。

这个过程会帮你养成思考的习惯。

当然，玩游戏只是刺激思维的方式之一。培养写作的能力，做做推理题，也可以提升自己的思维能力。但无论什么方法，你的思考最终还是要回到现实生活当中来。

养成了思考的习惯后，经常在生活当中运用出来，那这种习惯才能够让你获得成长。

3. 学会有效的阅读方式。

阅读是学习的一种方式，也是最便捷的一种方式。只要你保持阅读的习惯，阅读就会潜移默化地对你产生积极的影响，带来无法言喻的好处。当然，想要从阅读当中真正学到东西，有效的阅读方式必不可少。

尽管市面上教人阅读的书籍已经多如牛毛，但大多数都无法脱离 "SQ3R" 读书法的框架，顶多是对细节做一些补充而已。

那 "SQ3R" 读书法到底是什么？

这个方法是由美国教授 F. P. 罗宾逊提出来的。具体来说，就是 Survey（浏览）、Question（提问）、Read（阅读）、Recite（背诵）、Review（回顾），提取头一个字母组成 SQRRR。

按照这个方法，我们在阅读的时候可以分为五步。

第一步就是先预览一些阅读素材的整体架构，包括目录、章节安排，哪些内容对自己有用，哪些内容需要深度学习等，做一个基本的了解，让自己对此产生一些想法。当你对材料有一个大概的认识，你就可以有目的地组织信息，进行加工学习。

第二步是开始学习之前，你先要对文章的标题或者某些内容，提出自己的问题。例如看到读书应该按照"SQ3R"方法学习时你就应该想给自己提问：什么是"SQ3R"读书法？是谁提出的？有了这些提问，你就可以带着思考从阅读中寻找答案。

第三步接下来就是阅读。研究证明，阅读的时候在书本空白的地方记下自己的感想或者做笔记，完了后把重点画线的地方摘抄下来，添加自己的意见，形成读书笔记，会比单纯浏览页面或者只划重点更能取得效果。也就是说，你一定要对看到的信息进行自己的加工，才能把知识转化为自己的思想。

第四步是找出需要学习的信息，你最好把这些内容通过复述的形式大声背诵出来，这是另一种进一步深度加工信息的好方法。因为复述式的背诵，可以强制你将信息用自己的语言进行重组，这个过程会调动你的听觉记忆和逻辑思维。如果你能够向他人传授学到的某些内容，你就明白这个方法的好处了。

最后的一步，你完成了上述这四个步骤，接下来你就可以休息一段时间了。

不过休息完毕，你就要把学到的东西重新在你脑海之中回顾一遍，复习学到的东西；然后休息一下，隔一段时间后又再复习一遍，等大脑让这些知识从短期记忆变成长期记忆时，你就会完全掌握到这些知识了。

这种学习，会让你学得更加有效，也更加牢固。

除了这三大范畴之外，其实还有一样，就是你要学会怎么样融入一个新的社交圈子。

你可以选择独处，但假如需要你进入一个圈子时，你一定要敢于融入和懂得怎么去融入，建立好互动关系。

人是社交性动物，斯坦福大学的两个心理学家克莱克·沃尔顿和杰夫·科恩曾经做过一个关于归属感的实验。

实验结果表明，被孤立的测试人员，信心和学习能力会明显下降。相反，当测试人员获得强烈的归属感后，他们就会变得更加聪明。

一个人社会认知的高低会影响他的社交关系。

社会认知是指对他人以及自己和他人关系的思考，这种能力对于融入圈子起到至关重要的作用。

所以，提升社交认知，学会与人打交道是人生的必修课。而提高这种能力的唯一方法，就是按照上面那三大范畴去操作。

等你把这些操作融会贯通变成自己能力的一部分，你就会知道，你是否已经长大了。

不要被大脑的"负面评价体系"所影响

有一天我被一个好朋友叫出来喝下午茶。

因为她晚上就要跟男朋友的家人见面，心情很紧张，不知所措，所以就约我出来聊聊，看看有什么解决办法。我还没有详细跟她聊，她就滔滔不绝地跟我聊起她的担忧：

怎么办啊？万一他父亲不喜欢我，我应该要怎么做？

你都知道婆媳关系有多么紧张了，现在突然在他母亲的生活里，多了一个女人，她会怎么想啊！

我害怕我表现不好啊，你知道我非常讨厌跟他家人见面的，这种事我很不习惯。

为什么一定要跟父母见面呢？好好谈个恋爱不就很好吗？怎么办呢？

我每回答她一个问题，朋友总是给我反馈一个负面的信息；无论我说什么，朋友都是从负面的角度来思考。从那一刻开始，我就放弃了给朋友提供解决办法了，因为我知道，无论我怎么说，她都不会有一点积极的反应。稍微安慰一下她，她都是不情愿相信的感觉。

那我就不懂了，既然这样，你还找我出来干什么？你自己对此都有这么明晰的想法，又听不见别人的意见，你约我出来，就是希望我做你的情绪垃圾桶吗？

反之，大概一年前，我另一个已经步入婚姻殿堂的朋友，在跟男朋友父母见面的时候，她的表现就截然不同了。

记得那天我打算约她看电影，但她说晚上要跟男朋友的父母吃饭，所以拒绝了我。我当时就很惊喜地问她："见家长啊，这么好，你紧张吗？"

朋友一脸轻松地说："有一点了，但还好，我应该可以应付得了。"

我继续问："这么有信心？你不担心他父母不喜欢你吗？"

朋友很奇怪地看着我："我为什么要担心呢？我又不是什么坏女孩，有正当的工作，学历又不错，长相也能见得了人，只要我正常表现，印象分肯定不会低的。"

"那万一你男朋友的父母故意刁难你呢，你怎么办？"

"他们为什么要故意刁难我呢？要是这样，他们就不会教出一个我喜欢的男朋友啦，不是吗？"朋友如是说。

继续问下去，我反而更像是自寻烦恼的那个人了。同一件事，不同的思想，就是有这么大的差别。

朋友 A 对于还没有发生的事情，做出各种负面的想象，会假定自己陷入一个"糟糕至极"的模式，然后就会因此发生各种各样不好的事情。

朋友 B 呢，对事情没有过分负面的想象，一切基于客观情况去考虑。只要自己行得正坐得端，有什么好担心的呢？万一真的表现不好而产生什么误会，慢慢解释沟通不就行了吗？

他们完全是两种人，完全是两种反应。在我看来，朋友 A 的条件完全不输朋友 B。

事实上，在日后的婚姻生活当中，一旦跟男朋友或者他的父母产生什么矛盾，这种负面的情绪，就会日复一日地积累出不好的结果。有些事，只有在长期的化学反应作用下，才会显示出最终的不同。

在日常生活当中，你是不是也是这样抱着"负面评价体系"去面对生活的人呢？

一、"负面评价体系" 是什么样子

情绪作为我们身体的一种反应，假如一直是负面阴暗、悲观消极，甚至到不合常理的地步，就会塑造出你自怨自艾的性格特质。

这样的人，你跟他们相处，会感觉像掉进一个黑洞里一样，整个身体的能量都被他卷走，吸走。尽管你耐心规劝，但尝试过几次之后，你就会感到一股无力感蔓延全身。对于这种人，你真的是无能为力。

他们缺乏对客观情况检验的能力，总是把脑海中的想象当成是现实事件那样去思考。不懂得如何自省，或者说，他们根本不知道自己到底要不要自省。

换言之，他们对于自己的负面思维，从来都不去正视。因为他们的心理世界是这样的：

你应该这样做，做不到，就是你不好，你不爱我，你不够重视我；

事情应该要这样发生，如果没有，就是你的问题，他的问题，或是世界的问题；

我的人生应该要这个样子，否则就是生活亏欠我，父母亏欠我，朋友亏欠我。

总之，他们一直都以自己的标准去要求这个世界，一旦外界没有符合自己心目中的要求，就各种抱怨，各种难受，各种情绪就会由此而生。

说他们自恋，其实他们又极度自卑；说他们悲观，但他们对于外界的要求又非常自私。我们作为满足者，想要去满足这种人的心理要求很难。稍有差错，就很容易激发他们的心理阻抗，觉得这样不好，那样不行。

在谈恋爱中，在工作中，在与人相处中，有时候这样的人很难看出来，但只要给予他们"阻碍"或者"挑战"，他们的负能量就会被激发出来。

也就是说，他们只愿意待在自己的舒适区里面，不敢越雷池一步；一旦发现自己走出了舒适区，他们就会担惊受怕，然后想象出各种不好的情况来说服自己退回到原来舒服的地区里面。

这就是为什么经常散发负能量会影响我们个体发展的一个重要原因。因为，我们的思想也会潜移默化地朝着这个方向思考。

二、 为什么会有这种心理反应呢

拥有负面心理假设的人，他们往往缺乏安全感，对于一些还没接触过的新情况，自我觉得无法掌控，就会陷入"负面假设"的思想中，以求获取心理安慰。

因为一旦这种"负面假设"成立，他们就会由此印证自己的想法，从而让自己获得虚拟的安全感。

例如你去面试，总觉得自己无法应付，一旦结果真的无法应付，那么你就会认为自己的想法是对的，正确的。

于是其后遇到类似的事情，你都会把这种情况对应到这些事情上去。

好比你担心男朋友出轨，经常限制对方的行动自由。有一次你看到他跟一个女生聊天，明明是很正常的交谈，你都会用幻想中的各种证据去印证这件事，即便你男朋友这一年来，只有这么一次情况发生。因为在其他类似的事情上，你已经印证了这种想法。

之前网上有个问题，说如果你跟男朋友看电影，旁边有个女生打不开瓶盖，请你男朋友帮忙，你会怎么反应？

我相信大多数不允许男朋友帮忙的女生，都具有这种"负面假设"的心理。

她们可以单凭这一件事，就认定男朋友会这样那样，然后自己就由此产生负面情绪。有时候男生也很无辜，因为当下的帮忙，只是下意识地出于礼貌，顺手帮个忙而已，帮完就算了，是一种自然反应，没想过其他。但那些女生不依不饶，不会觉得这是当下的自然反应，相反会觉得：你以为帮完她就算了？你能够对她这样做。就会对其他女生这样做？万一有女生说自己的电脑坏了，要你上门去修理你是不是也答应？她们约你去开房，你是不是也答应？

这种假设，已经陷入到一种"滑坡谬论"当中。当然，作为男朋友，另一半不喜欢你对其他女生这样做，你也应该要避嫌。

但倘若是其他事情呢？正如我前面所说的那样，假若缺乏对客观情况检验的能力，总是把脑海中的想象当成是现实事件那样去思考，这样就很危险。

心里缺乏安全感，就会从这种想象当中去获取印证情况的安全感。

大多数有"负面假设"的人都是这样。但我们不能过分责怪她们，因为她们是"吃过苦"的人，至少小时候有过这样的经历。

在成长的过程当中，父母的不当教育或是生活环境的冲突，会让她们的身心无法得到恰当的满足。长期处于空虚的心理当中，就形成了一种对什么都无法掌控的思想。

小时候看到一个玩具想要，但经常被父母教训而要不到，长大后追求一个喜欢的人，于是就觉得自己也无法掌控，最终连尝试一下都不敢；小时候经常看到父母吵架一发不可收拾，自己无能为力改变这个状况，长大后跟爱人一起生活遇到矛盾，也不是想着如何解决问题，而是一味抱怨生活的不爽，用各种负面假设来印证自己对现实的幻想。

这种思想，随着我们年纪的增长，很少会表现得如此明显，因为与人短期的交往当中，我们几乎没有机会展现这种心理。但如果长期在一起生活，这种心理造就的行为抉择，就会堆积在一起，日积月累地展现出来。

所以很多人刚开始相处的时候感觉非常好，可一到住在一起生活，就各种不适，就是这个原因。

毕竟我们很难从平日转瞬即逝的相处当中，一下子就了解到对方的深层心理。想要知道对方是不是真的适合自己，尽量跟对方去一次长途旅行，期间遇到问题时的处理方式，就会告诉你对方是一个什么样的人。

那么，如果你自己就是这样具有"负面假设"的人，应该怎么办呢？

三、 如何摆脱 "负面心理假设"

1. 培养你的自信心。

当初我在网上写文章，没有想过会收获各位读者的喜爱，更没想过会获得出版社的邀约出书，我只是觉得自己喜欢写文章，然后分享一些自己的生活经验，输出自己的思想，能够帮到别人当然很好，帮不到作为自己思维的一种整理方式，也算是一种进步。

但我身边的一些亲朋好友，知道我在网上写文章，就开始发出各种冷嘲热讽，说"这个时候还做自媒体，不是自讨苦吃吗？"或者"你能够写得像其他人那么好吗？别人一篇文章这么多赞，你觉得你可以做到吗？"

但现在，我不仅获得出书的机会，自己的一些文章还被各大公众号和微博号转载，甚至有些文章还获得了不错的稿费，这不就是收获吗？如果我没有这种自信心，我就没有这些收获。

其实困难带给我们的障碍，并没有我们想象中那么多。

2. 从你的负面语言句式开始改变。

想要拥有自信心，你的语言句式也必须积极起来。

正如我那个朋友 B 说的那样，她去见家长，尽管紧张，但应该可以应付得来。这就是积极的句式。而负面句式，同一句话，也可以说出这种感觉。如：

我应该可以应付得来，但是我好紧张啊，怎么办？

对比一下这两种句式的差别，是不是觉得自己的心理有种微妙的变化呢？

A：尽管现在还下雨，不过天气报告说下午就会放晴，所以等一等就好。

B：天气报告说下午就会放晴了，怎么现在还在下雨呢？还要等多久呢？

A：这个方法目前来说实现起来很困难，不过如果稍微调整一下，我应该能找到一个适合的方式去操作。

B：这个方法很好，只是我觉得实现起来很困难，很难操作。

看了这两种句式，尽管都描述同一件事，你的感觉是不是不一样呢？

我没有办法教导你怎么调整心态，但我可以教你如何调整句式，让你自己去调整心态。用积极的句式和消极的句式，就算是描述同一件事，也会有不同的心理感受。

想一想，你在生活中，是用什么句式去描述自己遇到的事情呢？如果多数用负面的句式去描述事情，那从现在开始，改变你的句式吧。

3. 从小事去积累你解决问题的积极思维。

问题的发生，最好的应对方法就是去解决。任何逃避的思想，都是一种消极的应对方式，是于事无补的。谁都没办法一下子就能做到让众人敬仰的地步，都是一点一滴慢慢积累出来的。这个过程，就是解决各种问题的过程。

想要改变自己的"负面假设"的心理，你就要做一些自己从来没有做过，却在自己能力范围内可以完成的小事。然后在解决这些事情的过程当中，一次一次地去改变自己的负面思维。

因为当你能够解决一件又一件自己之前觉得做不到的事时，你就会扭转外界评价，发现很多事并不是你想象中的那样困难或者无法击破。一旦你养成了这个习惯，你的心态自然就会发生变化。

不要坐以待毙，行动起来去改变自己吧。有时候人与人之间的差别，就在于你有没有鼓起勇气去行动而已。

不要让你的"负面假设"影响你真实的生活，否则，你人生的进步，很可能就会扼杀在还没开始之前了。你觉得你不行，那你可不可以主动找出行的方法呢？

所以，看看生活上有哪些小事你可以通过自己的能力去解决吧。

不断养成遇事不逃避，主动寻求解决办法的积极思维，你的生活自然会慢慢变好了。

你是"高敏感人格"的受害者吗

生活中，你是不是那种高敏感型的人呢？

朋友无意中跟你开一句玩笑，你就觉得对方在鄙视你，感到很难过；

另一半不小心忽略了你一下，你就觉得对方不是很爱你，感到很伤心；

跟别人对视了一眼，看到对方眼神透露出不屑的味道，你就认为对方看不起你；

甚至你去做事情，你总认为自己是那个经常把事情搞砸的人，做事战战兢兢。

可以说，拥有这种敏感特质的人，很容易因为一点小事就觉得深受打击。同时，与人相处的时候，也很容易感到焦虑，生怕一旦表现不好，就会受到众人的排挤。

敏感，有时候并不是一个缺点。因为当朋友遇到挫折，心情低落时，你这种第六感，就会马上察觉到对方的异常，然后给予问候和安慰。

也就是说，拥有这种敏感特质的人，对于细节的感知能力是非常强大的。稍微有一点"风吹草动"，你的神经就会立马意识到事情的不妙之处。

所以那些具有同情心或者同理心的人，往往就具有这种敏感的性格特质。他们很容易设身处地为那些情绪不好的人着想；别人发现不出来的问题，他们往往能够看在眼里。

从这个方面来说，敏感型的人格并不是什么不好的事。

然而，凡事都有两面。一旦你这种敏感超过了限度，取而代之的，是自己的胡思乱想，用自己想象中的"事实"去衡量当前实际问题的发生，正如开头我举的那些例子，那么这种敏感，就会对你的身心造成十分不良的影响。

而你，也就成了高敏感型人格的受害者了。

一、 为什么你会成为高敏感型的人

高敏感型人格，其实某种程度上是内向型人格的变体。

以前还没有用高敏感这个词去形容这一群人时，我们往往用内向去概括那些处世谨小慎微，瞻前顾后，不敢抛头露面大胆展示自己的人。

尽然高敏感这个特质，包含在内向的性格里面，但并不是所有内向的人，都是高敏感的。有些表面上大大咧咧的人其实也拥有这种特质。除了一小部分是天生的之外，大部分都是后天的环境塑造而成的。在人群中，大概有百分之三十的人，是属于高敏感一族。

那这种敏感的特质是怎么来的呢？

根据研究所得，在婴儿时期，当我们对外界拥有感知的时候，例如怕冷、怕热、肚子饿，或者拉尿拉屎，如果外界能够满足我们的这些需要，解决这些困难，那么我们的不安和难受，就会随之消失。

反之，如果我们的这些无法得到及时满足，我们就会滋生一种焦虑感和对外界的不安感。久而久之，我们的内在感受就会形成一种脆弱而敏感的心理。

例如你小时候想要玩具，但经常因此被父母过分责骂。后来你再想要的时候，就学会了察言观色，细心去捕捉父母的言行举止，看看他们能不能再次满足自己这个要求。你这么小心谨慎，是因为害怕自己的"冲动"，会再一次给自己带来额外的伤害，诸如责骂、棒打等。

渐渐地，原本会哭的孩子有奶吃，跟外界多番较量，败下阵来后，就变成了沉静的孩子，个性变为很安全的自卑内向状态了。

我以前也是属于这种高敏感的人。听我父母说，我孩提时期一旦哭闹，父亲就会把我丢在一旁，不理不管，直到我自己哭完为止。自己的需要无法得到满足，长此以往，于是我就形成了自卑内向的敏感性格特质了。

所以，如果你在成长的过程当中，有过类似的经历，例如被父母抛弃，被家人忽略，那你长大后，你体内的这种敏感特质就会影响你日后的生活方式。

好比你从小缺少父爱，那么找了一个男朋友，就希望从对方身上得到这种被照顾的爱。假如对方做不到你心中的要求，你就会敏感地觉得自己又一次"被抛弃"了。

这就是敏感特质的形成。

那怎么解决呢？

二、 改善你的自卑感

很多人对于外界的信息过分敏感，往往是源于内心的自卑感。这个自卑，不是那种觉得自己什么都不如别人的羞耻感，而是指生怕别人发现自己缺点的不安感。由于这种"不安感"作祟，为了掩饰它，所以就一直活得战战兢兢。

这样一个内心自卑的人，往往会形成低自尊人格，很在乎别人的看法，生怕一旦做的事情不符合对方的期待，就会触动他人神经，从而让自己被别人讨厌。

为什么这么怕自己被别人讨厌呢？就是因为你觉得自己一无是处，别人愿意接触你，是对你的恩宠，你不能这么"大逆不道"地辜负对方的恩宠，于是你变得很在乎别人说的话，很关注自己的行为表现，然后以此去讨好对方。

而一个对自身价值非常肯定的人，是不会过分在乎自己留给他人的感觉的。只要自己的行为对得起天地良心、社会规范，你不喜欢我，那是你的问题，不是我的问题。这就是高自尊。

正如我很礼貌地跟你打招呼，你扭头就走，谁会扯到自己身上，说是自己的问题呢？

而高敏感的人却往往会把外界的原因，归到自己身上，觉得什么都是自己的问题。小时候你什么都没做，因为父母心情不好而受到责骂，但现在你已经长大了，你有足够的能力去识别这件事到底是你的问题，还是他人的问题。

所以，改善自己这种自卑感，你首先要做到肯定自己。做好自己应该做的，肯定自身的价值，这就足够了。

如果你觉得目前的你还不够好，那当然要努力去提高自己的价值，在提高能力的过程当中收获自信。但这并不是让你鄙视自己的因素，除非你自甘堕落，放任自流。

否则，你应该接受当前的自己，把身上不好的地方改正掉，加强那些带给你价值的优点，这才是正解。

至于其他人怎么看你怎么想你，就不用过分在意了。

三、 不要给自己设定太高的要求

我以前还感到自卑的时候，总是希望自己能够让身边所有的人都喜欢。如果有一个人不喜欢我，我就会觉得很难过。这就是对自己设定一个不切实际的高要求了，因为无论你怎么做，这个世界，总会有人不喜欢你。

每个人的要求你都答应，那是你的自卑感在作祟，从而渴望自己能够讨好所有人，获得所有人的肯定。这种高要求一直成为你的行为指导，大凡你去做些什么，都要按照这个要求去行事。

是的，你很怕说错话惹别人不开心，你很失望为什么你对别人好，别人却对你不好，甚至担心自己犯了错而被别人取笑。但这些其实都是正常的事。

你以为男朋友聚精会神地忙着手头上的事，感受不到你的情绪吗？没错，事情就是这么简单，他真的忙着手上的事情，而不小心忽略了你。但听我说，这些都是很正常的事情。

不正常的，是你对这些事情的要求有点高。你希望男朋友时时刻刻都能够发现你的不爽，时时刻刻都将注意力放在你的身上，时时刻刻都陪伴你，时时刻刻的行为表现都符合你的期待。问题是，我们都是正常人，谁都不能满足这些要求。

由于孩提时期的你给外界"提出"的要求没有被满足，从而形成这种敏感的心理，于是长大后，就向那些看上去"从来不拒绝你"的朋友或者伴侣提出类似的要求，弥补小时候的心理缺失，然后你被满足了，你变得开心。

可是，正常的情况是，这些要求谁都无法长期被满足。一旦有几次你的要求没有被满足，这种敏感的潜意识就会滋生出来，最终导致你的情绪出现问题。

唯一的解决方法，就是降低自己的要求。

每个人都有自己的生活，每个人都有自己需要解决的难题，他们的反应，不可能时时刻刻都像你期待的那样发生。

以前你觉得朋友很喜欢跟你聊天逛街，可是对方谈恋爱之后，就少了跟你这样相处的时间。现在朋友的做法无法符合你的期待了，于是你就感到不开心，认为朋友不在乎你了，心里没你了。

然而这样的要求就过分了。毕竟她把时间放在恋人身上，或者把时间放在你身上，这都是人之常情。我们不能以自己的准则去要求别人。

所以，只要你降低这个要求，降低这个期待，你的敏感度也就会随之降低了。

每次你感到敏感，问问自己是不是要求高了。

四、 丰富自己的生活

繁忙的人是无暇顾及生活上那些芝麻绿豆的小事的。如果你觉得现在的你很容易陷入到敏感的思绪当中，这就说明，你的生活还没有充实起来。

为什么恋人之间谈恋爱，最忌讳的是一个人太忙，另一个人太闲呢？因为他们的步调不一致，很容易导致那个空闲的人，有太多的时间胡思乱想，过度去解读对方从繁忙生活中释放出来的信息。

而且，一个人太闲，也很容易放大自己所处境况的严重性，一点小事都会放大去解读。厕所堵塞了，想办法去打通就好；但敏感的人会觉得，生活真的不顺心，做什么都不好，现在连厕所都堵塞了，上天要不要这么残忍！

为了避免自己处于这样一种心理状况，你必须找点事情让自己忙起来，充实自己的生活。

无论是看书，旅行，还是参加志愿者活动，等等，都能够丰富你的生活，丰富你的思想。当你有了自己的世界，你的视野就不会那么狭隘。

花点时间找出自己喜欢做的事情，给自己的生活抹上一丝颜色。当生活充实了，你敏感的性格特质也会被生活的美好慢慢治愈的。

五、 转变你的思维

最后，当然要改变一下你的思维方式。

不要把所有的事情都归因到不好的那方面。有时候你觉得不好，其实在别人眼中，压根没有任何不同。从那些性格好的人身上，学习这种思维和行事方式。在他们耳濡目染的影响下，你就会慢慢改变自身这种性格特质。

多跟这样的人待在一起，观察和了解他们背后的思维模式。看看他们对于那些不好的事情是怎么处理和反应的，你就会知道，很多你以为很重要的事，根本没什么大不了。

正如有句话说的那样：思想一变，行动就变；行动一变，习惯就变；习惯一变，性格就变；性格一变，命运就变了。

你永远不知道改变自己会获得怎样的命运，但，你值得一试。

从自卑到自信，做好这三步很重要

曾经一位读者留言给我说，自己不知道怎么奋斗，总觉得自己一无是处，很烦恼。

面对这种问题，我一般都会反问一下：你是不是对自己没什么信心，时时刻刻都陷入到自卑的情绪当中？

我得到的回答通常都是"是的，我比较自卑"。

这就是这类朋友的问题所在。

很多自卑的人往往会陷入到一个负面的循环圈里面：因为什么都不会，一无是处，于是对自己没有信心，感到很自卑；而正因为对自己感到很自卑，于是总觉得学什么都学不会，反过来印证了自己的一无是处。

对于这些困惑，任何安慰的语言或者我给出的建议，对他们而言都不会起到任何效果。因为他们在这个负面的循环圈里走得太久了，以致慢慢形成了一种"虚假的安全感"。

就是待在这个循环圈里面，尽管时常都觉得自己很没用，然而一旦让他们走出来，却会感到异常的害怕，如同这个世界会把他们吞噬一样。到头来，他们的潜意识还是觉得待在圈子里更安全。周而复始，循环往复。

所以听他们说得最多的话就是："我知道自己这样很不好，但就是改变不了。"

是真的改变不了吗？

让自己重拾自信，有这么难吗？

一、 如何界定你的自卑

自信和自卑都是源于你对自我的根本信念。简单来说，就是你对自己的看法到底是基于哪种信念之上。

这些底层的核心信念，会直接影响你对自己或外界是持有积极评价还是消极评价。前者会让你感到自信，而后者就会让你感到自卑。

在这个世界上，很少有极端积极或者极端消极的人。我们往往是对某些事情持有积极的态度对另外一些事情则持有消极的态度。

而一旦这些积极或者消极的态度，成为我们思想底层的信念，那这些信念就会全方位地影响我们自身的"评价系统"。基于这个评价系统，我们对很多事情都会产生截然不同的看法。

事物本身并没有客观性质的意义，只是我们的评价系统赋予这些事物某种意义而已。

例如下雨。

如果你想出外踢足球，突然间倾盆大雨，你的心情肯定会受到影响，因为下雨让你无法踢球，这很正常，并不足以说明你就是一个悲观的人。

如果你并没有外出的任务，而且下雨对你不会造成任何影响，这时你看到天空下起大雨，竟然会心生悲怜，产生某种负面的情绪反应，那你的评价系统很明显就是偏悲观的了。

一旦你真的遇到踢球时下雨，心里的感觉比起一般人更会觉得"上天为什么要如此针对我"？其实上天哪知道你踢球了？

自卑的人正是如此，其核心信念导致他对外界持有负面的评价系统，当这个系统不断跟自己生活中的事情联系在一起时，那么这个闭合的负面循环圈就因此而形成了。

于是造就了他在很多行为习惯上，都偏向消极的状态：

对很多事都有心无力，总是觉得自己再努力也做不成；

对自己的评价习惯性悲观，不是自我怀疑，就是自我厌恶；

情绪一直无法振作起来，好像怎么自我激励都表现不出热血的感觉；

好像永远都会感到疲惫，想做点什么总是无法提起精神；

遇事习惯逃避和退缩，不太敢表达自己的意见，说话闪闪烁烁；

对别人的目光和评价很敏感，总担心自己会被他人鄙视和针对；

很难跟别人建立亲密关系，好像隔着一道墙似的，谁都无法信任；

有时候会表现出高傲的姿态，生怕别人看穿自己的弱小和伪装。

总之，自卑的人心思都比较脆弱敏感，肩上好像有种无形的重物压在他身上。他很在乎别人的看法，于是无法自如地表现自己，发挥出自己应有的个性。

自信的人之所以自信，不是他天生就携带着这种因子，而是因为他从与周围环境的互动当中，建立起一个相对比较稳固的评价系统。他知道自己擅长什么，能够做什么，无法做什么，不会为不能做什么而感到伤心。

相反，自卑的人对此并没有清楚的认知，他将一切都简单地归结为自己"没有能力"。这就是核心负面信念塑造的不同评价系统。

那这些负面信念到底是如何形成的呢？

二、 是什么让你如此不自信

想要摆脱自卑，重拾自信，首先就要弄懂自己的自卑到底从何而来。把原因搞清楚后，才能够针对性地解决这个问题。

而负面信念的形成，不外乎三个原因：

1. 成长过程中获得负面反馈。

孩童时期对于自我信念的形成，起到非常关键的作用。如果在这段时间，个人获得太多外界的负面反馈，那负面的信念，就会慢慢由此形成。

所以在成长的过程当中，父母的鼓励是你能否建立自信的重要因素。假如你做任何事情，父母都用否定的口吻跟你说话，别人考试得了八十分就会获得赞美，而你考了九十九分还会受到批评，那在这种互动的反馈当中，一旦你无法收获到预期的积极信息，相反却获得消极的情绪，那你的大脑就会形成一种"努力"等于"不好"的评价感觉。

当这种负面反馈如同"家常便饭"般出现在你的生活当中时，就会变成你的底层信念。长大之后，你面对任何事情时，都会下意识涌现出这种不好的感觉，觉得自己再怎么努力也不会有好结果；而你需要比其他人花费更多的力气，才能够克服这种感觉对自己的影响，把自己的正常能力发挥出来。

也许你在小时候，由于生理缺陷或者某些行为举止，而遭到家人或朋友的批评和指责，这些反馈有意无意地损害到你的自尊，长此以往形成了一个负面的评价系统，你就会觉得自己很没用，想做什么事都做不成。

2. 用错误的方式进行比较。

不合理的比较，也是导致我们自卑的"导火线"。

合理的比较让人进步，但不合理的比较就会让人陷入万劫不复的悲观当中，因为我们知道，我们永远都是最没用的那个。

什么是不合理的比较？

就是在不知道自己能力系数的前提下，跟一些能力系数比自己高的人比较，这就是不合理。

周杰伦喜欢打篮球，让他站在乔丹面前，他会自卑到觉得自己一无是处，一点价值都没有吗？当然不会。因为他很清楚自己在篮球方面的能力系数一辈子都达不到乔丹的高度，但他在音乐方面的能力系数也许就比乔丹高。

那让他跟迈克尔·杰克逊比较音乐才华，他会自卑吗？也未必，因为他自己的音乐也在某个领域里创造出了自己的价值。但假如他不清楚自己的能力系数，不知道自己能创造出什么价值，那贸然让他跟这些名人的能力系数去比较，他肯定自卑到无地自容。

自卑的人往往不知道自己的能力系数到底有多高，不是因高估自己的能力而受挫，就是因低估自己的价值而缺失信心。

更严重的是，他连自己到底有什么能力都不知道，在能力范围内会创造出什么价值也一无所知。一旦让他跟更厉害的人在一起，就会觉得自己无法达到外界要求的标准，这样一比较，还有什么理由不自卑？

比较，除了与他人的横向比较，还有纵向的自我比较，后者才是成长进步中更为合理的行为。

3. 无法摆脱消极的自我限制。

俗话说："知耻而后勇。"

一个自卑的人，当明白自己的不足之后，更应该调整心态，重新振作，努力去补强自己，让自己变得更好。

然而，很多自卑的人往往即使"知耻"也不会"后勇"，因为他们依然在心里默默期盼，别人会"大发慈悲"地主动赞美他们，欣赏他们。

　　正如一个条件不是那么好的男生，遇到喜欢的女生，想的不是怎么提高自己的综合素质，吸引女生的注意，而是去想，对方什么时候会无意中看上他，对他产生好感。一旦期望落空，又会继续陷入自卑的情绪当中。负面的循环圈就是如此限制了自己。

三、　如何摆脱无意义的自我限制

　　想要摆脱这种没意义的自我限制，必须找出一个缺口，让自己钻出来。当这个缺口越来越大，你能够通过这个缺口冲破这个循环圈时，你就能够朝着自信的姿态迈进一步。

　　所以你知道自己的能力系数不够高这没什么，但假如你知道自己的能力系数不够高后，依然不采取相应的行动去改变自己，提高自己的能力，这就有很大问题了。

　　那具体应该怎么做呢？通过这三步去做就行：先行动，再体会，后调整。

　　1. 用微小的行动积累成就感。

　　自卑的人往往没有积累足够的成就感，所以才觉得自己"一无是处"。

　　假如能够不断完成一些细小的挑战，这些挑战积累下来的成就感，就会慢慢改变他们的自我评价系统。

问题是，行动对于自卑的人来说，是非常困难的事情，因为他们不敢挑战自己，也不知道用什么事情去挑战自己。

我曾经看过一个网上节目，一个自卑的女生想要让自己变得更自信，心理学家让她每天跟一个陌生人打招呼，说一两句话，持续一个月。一个月后，女生对于与人接触这些事慢慢不会有那么多的抗拒感，开始习惯跟别人聊天的感觉。这就是让自己积累成就感的变化。

如果你真的希望消除自卑，但不知道应该培养出自己哪些能力，那以下这份"行动清单"，你必须要选择一样去做，并坚持一个月：

每天跟接触的人说上一两句话，无论是打招呼还是寒暄问好，主动示意。

每天朗读书中任意一段你觉得有意思的内容，每次朗读十五分钟，直到自己脱口而出。

每天唱一首喜欢的歌曲，不管自己唱得怎样，尽量投入情绪去把这首歌唱得熟练。

每天故意麻烦身边的朋友，设想一个对方感兴趣的问题，然后假意去咨询对方。

每天学习一个知识点，一本书有无数个知识点，每天用本子编号记录，积少成多。

每天双手紧握拳头跟自己说一句"我一定能克服这个缺点"，说十遍才算完成。

这些小事情，看似很简单，但如果你能够坚持去做一个月，你就能够做到别人做不了的事情。久而久之，你不但能获得能力的提升，而且自信心也会在无形中得到增强。

这些都是非常具体的事情，不用你自己设定，也不用你去思考这样做有什么意义。还记得我前面说的吗？意义是自己赋予的，直接做就是了。

用行动改变思维，而不是想好了再去做。

2. 建立一个平常的心态。

自卑的人心思比较谨慎和敏感，别人随意的一个眼神一句话，就能够刺激到他的心弦，让他浑身不舒服。

当然，平常心不是说做就能够做到的，这需要时间成本的投入。而投入方式，就是当你遇到某些你认为对你不好的事情时，你要针对这件事做一个"理性思考"的步骤。

很多自卑的人容易受到他人举动的影响，就是因为他们无法理性地看待这些举动，总是赋予这些举动太多不客观的意义。

所以当"坏事"出现在你面前时，你要放下情绪的影响，立刻问自己三个问题：

（1）这件事是否针对你而来？

（2）如果是，这番针对是否客观？如果不是，这番针对背后是什么原因？

（3）我能够找出除我以外的其他原因去解释这件事吗？

例如你的头发明明是黑色的，突然有一个人语气挑衅地看着你说："把头发染成这种绿色，你也够大胆了。"既然看着你说，当然这番话是针对你而来了。

可是你明明知道自己的头发是黑色的，对方这种评价根本不客观，那他为什么要这样说呢？排除是自己的问题，只有一个原因可以解释，那就是这个人脑子有问题，他在胡说八道。

有了这个理性思考的过程，你还用得着经常想着对方这个评价而闷闷不乐吗？

3. 用调整后的新姿态去面对外界。

完成上面两步之后，接下来，你就需要从内到外地调整自己，建立一个新的姿态，重新去面对外界了。

也就是说，你一定要抛弃旧有的行事方式，不要重复自己固有的做法，否则你这个负面的循环圈，只会一直存在。

用新的姿态去面对外界，就是让你走出这个循环圈的突破口，你一定要在这个突破口逗留得足够久，才能够让自己脱胎换骨。

所以，无论你身上还有多少个缺点仍然没有克服，你也要拥抱自己、喜欢自己。用正确的比较系统去评价自己的能力系数，也要用正向的信念去建立你的评价系统。

一旦某些事情让你产生否定自己的冲动，你就要立刻打住，想一想有什么办法可以弥补、改善和提高，而不是一味地抱怨。记住自己当下的新角色和新姿态，时刻提醒自己，不要"重蹈覆辙"，走老路。

而要建立这个新姿态，你必须要做到以下这些行为：

多说积极的语言，不要对中立的事情赋予太多消极的意义。

多与积极的人相处，感受他们的处世态度，学习他们的行为方式。

学会积极去思考事情，从抱怨问题发生，变成思考如何解决问题。

敢于试错，不害怕失败，乐意从挑战当中吸收成长的经验。

不要等等再说，能够解决的问题就立刻解决，想到就去做。

经常肯定自我，懂得如何自我激励，能够正视缺点而去改正。

简而言之，运用正确的评价系统去看待自己和外界，然后找到自己的能力所在，提高自己的能力系数；从这些能力当中培养出自己的处世价值，然后用这个新的姿态去面对人生，你的自信就浑然天成了。

一个人的时候，做些什么能让自己获得成长

我们每个人都会经历一些需要一个人度过的时间。

遇到伴侣前的孤寂、失恋后的彷徨、没人在身边的无助、朋友远离的寂寞，这些情况都可能出现在我们的人生里。

不管我们一个人的这段时光有多长或者有多短，这都是让

我们成长的契机。怎么过好它，会决定我们的自我状态是否变得更好。

如果你现在也正在经历着一个人的时光，甚至也经历着生活的苦恼，这里我有六条小建议，希望能够帮你变得越来越好。

一、 做一些自我增值的事情

一个人的时光是自我增值的很好机会。

这个时候，你应该把焦点放在你能够持续增值的地方，而不是负面情绪上的抱怨上。

如果你觉得你的性格不够开朗，影响你的日常生活，你就要以此入手开始改变自己；如果你觉得自己说话能力不够好，影响你的工作，你就要利用这段时间好好锻炼自己。

你觉得自己哪些方面还存在缺陷，就利用这段时光去弥补它们。通过看书学习也好，参加某些培训班也行，尽量让自己获得进步。

千万不要把时间浪费在无谓的抱怨上。改变可以改变的。接受不能改变的，倘若真的接受不了，就换另一种方式去处理这些问题。也许你真的不喜欢抛头露面跟别人聊天，喜欢宅在家里做自己的事，那么你就没必要强迫自己改变。

不过，你宅在家里做的事，应该是至少可以为你自己持续增值的事。天天看偶像剧、睡懒觉这些事，只会虚耗你的人生。

设定一个目标，做一些可以提高你个人价值的事情吧。

二、 要学会自己去解决问题

有时候有些读者会咨询我这个烦恼怎么解决，那个烦恼怎么处理，这很好，因为这是你们信任我的表现。但我希望你们能够自己去寻找解决问题的答案。

一个人的时候，我们谁都无法依赖，我们唯一可以依赖的人就是自己。以前遇到问题，我多么希望有一个人可以给予我鼓励和勇气，让我有足够的信心去解决人生的各种难题。

可是没有。

就算我问了，别人也是随口说说，问得多了，别人也会觉得烦。既然如此，倒不如依赖自己。正所谓靠山山会倒，靠人人会跑，还是靠自己最好。所以当你遇到问题的时候，先不要急着跑去问人，先自己想一想，除了问别人，自己还能够怎么解决这个问题。

就像有读者问我，看哪些书对人生有帮助，可我怎么知道看哪些书会有帮助呢？毕竟每个人的需求不同。外国人会觉得看《圣经》对人生有指导作用，我看《圣经》，只是当作是一个个童话故事而已；别人看《孙子兵法》对做生意有用，那你看了会有用吗？谁也不知道。

只有清楚地了解自己的需求，然后再针对性地去寻找相关的学习资料，这样看书才会对你的人生有帮助。以前我遇到问题，没办法解决，只能跑去书店找答案，从书中找启发性的内容，最终养成了阅读这个习惯。

处理人生的问题也是如此。我希望你能够通过自己的能力去解决，而不是什么事都依赖别人做判断，因为这才是让你成长，变得更好的途径之一。

三、 处理好一个人时的情绪

当你伤心失意，又找不到人安慰的时候，你会怎么办？也许你需要释放自己不好的情绪，但不管怎样，你一定要学会一种能力，就是哄自己开心。

不要只期盼别人能够带给你惊喜或者快乐，因为你自己就可以给自己带来这种情绪的变化。如果你自己都不能让自己开心起来，你的思绪很容易就被别人影响和控制。

做一些能够让你开心起来的事情，不要坐以待毙，空等情绪过去。当我遇到不开心或者烦恼的时候，我都喜欢一个人走路游逛，看看街上的人，观察一下别人的生活。这时我的注意力就会被街上的人和事分散掉，我的心情也会慢慢平复起来。

你可以选择听听歌，去唱唱歌，只要能够梳理你不好的情绪，只要不会伤害到你自己和别人，什么方法都可以尝试。

学会跟自己相处，学会哄自己开心，是我们成长的过程当中最重要的一环。

调整自己的心态，开心地度过每一天吧！

四、 保持对生活的热忱

一个人生活久了，会很容易觉得生活没意思，得过且过，什么都做不了似的。越是这样想，就越容易磨掉我们对生活的热情。

我们要懂得从单调无聊的生活当中寻找那些能够激起我们内心激情的事情。适当买一些新的衣服打扮自己，主动找喜欢的朋友聊天，这些都是让你对生活保持热忱的很好办法。

在学会哄自己开心的基础上，对美好的生活保持一种憧憬，想象一下将来的你，通过努力可以收获哪些美好。

以前单身，我就幻想谈恋爱的美好，于是学习与人相处方面的知识；以前走路，希望自己能够拥有一辆座驾四处游荡，于是我就存钱考了驾照，希望以后能开车；以前没钱去旅游，于是就买一些旅游杂志回来，期盼将来条件允许时出去旅游。而这些，我现在统统都一步一步实现了。

如果一个人的时候对生活没有热忱，我们的路就很难走下去。朝着自己美好的渴望前进，能走一步就走一步，总有一天，生活真的会给你带来美好。

五、 经常反思自己的做法， 反省自己的错误

我们的进步，除了从学习中获得，还有就是从自我反省的

过程中获得的。

以前我是一个口齿笨拙的人。为了提高自己的口才，每次我跟别人接触、聊天，但凡遇到觉得自己表现不好的地方，回到家里我都会反思自己为什么会这样？又怎么改变才会做得更好？然后再针对性地去锻炼。

最终我把这些经验写成文章，放到网上，让不少有这方面困扰的人受益。

这个习惯我一直坚持到现在。毕竟人外有人，这个世界总有人比你厉害、比你强，自己做得不好，就要去学习，在学习的过程中就要懂得反思。当我养成了反思这个习惯，我的进步就比以前来得更加迅速。

反思，就是一种思考。如果你一个人的时候都不愿意去思考，那么以后待在人群里，你就会被别人思考。

六、 好好认识你自己

我们总是以为，我们非常了解自己，其实我们并不像自己想象中的那样了解自己，于是由此产生的各种问题，就会接踵而来。

一个人的时候，就是你了解自己的最好时机。想一想，你自己的优点是什么，缺点又是什么；哪些优点可以发挥出来，哪些缺点可以加以改正。

当年我用思维导图列出了自己身上的优缺点，然后再加上一栏，就是自己希望变成的那个样子。例如说话时没有情绪，冷言冷语，我就想变得更加热情。之后我对着这个导图，慢慢把自己那些不好的，影响到自己和别人的缺点改掉，把那些自以为是优点，例如老好人的行为，也调整了一下，之后我就收获到了成长的喜悦。

当我对自己有一个清晰的认识后，我就能够建立一个稳固的自我，在此基础上，再去提高我的灵活自我。这样，我的个人价值就能够慢慢培养出来了。

所以，不要浪费这段一个人的时光。你以后的人生能不能过得好，很大程度上取决于你一个人的时候。

孤寂不可怕，可怕的是你被孤寂吞噬。

第三部分

如何有效奋斗

开始奋斗之前，先看看自己有没有这种能力

一、 什么是执行力

对于执行力最直观的说法，就是"今日事今日毕"。

如果你今天的任务是写完一篇文章，在没有任何外界障碍的情况下，你拖拖拉拉地把它放在明天去做，你说你是一个很有能力的人，对不起，没有人会相信的。

真正有执行力的人，心里萌生了一个想法之后，经过短暂而快速的风险评估，当认为这个想法可以操作时，他就会立马安排时间去做，没有迟疑，没有借口，没有退缩。

你是不是给自己定下目标，每天都要早睡早起，不玩手机多看书呢？

你是不是觉得自己身材不够好，誓要每个星期抽出时间健身运动多跑步呢？

你是不是对自己当前的生活感到很不满意，不奋发向上都对不起自己呢？

可是，很多人做事情通常都是不"死到临头"，就不会踏出第一步去做。

缺乏执行力，导致自己一直浑浑噩噩地过日子，这样的人

不在少数。他们所谓的目标，往往只停留在说的层面上。至于何时迈出第一步，或者迈出第一步后，能不能继续走下去，就毫不在乎了。

有时候很多人之所以一事无成，不是因为他不够聪明，而是因为他做事不够坚决。连开始都没有勇气的人，又怎么可能有能力去面对人生的风风雨雨呢？

特斯拉的创始人埃隆·马斯克，对这位当今世界最具有科幻气质的创业者，他的员工曾经这样说：

"工作阻滞或者跨部门下达命令时有阻挠，埃隆挂在嘴边的一句话是有问题随时打电话给我，我不关心问题到底是什么，我要马上解决。"

有问题，就立刻去解决，这就是执行力的体现。

二、 执行力有什么特质

想知道自己具不具备执行力，其中三种关键的特质，你必须要有清晰的了解。

1. 不怕麻烦。

执行力强的人，从来都是不怕麻烦的。

老祖宗那句俗语"一屋不扫，何以扫天下"，其意思不是说你家里的卫生都不去治理，怎么会有能力治理好天下；而是说，如果你连微小的事情都处理不好，那么你说你能够处理好大的事情，谁会相信？

一个怕麻烦的人就会这样。

记得有一次我们一群人结束展会活动，乘坐某朋友的车去吃东西。那时已经十点多了。其中一个女生突然说家里的隐形眼镜护理液用光了，忘记去买。身边另外两个男生都说，为什么女生不早点说，现在这个时间眼镜店都关门了，买不到，只能戴着隐形眼镜睡觉了。

然而朋友却说，应该还有一两家"漏网之鱼"的店铺没有关门的，碰碰运气吧。二话不说，他就搭载着我们去找眼镜店。没想到，就在购书中心附近找到了一家临近关门的眼镜店，给女生买到了护理液。

也许正因为朋友这种不怕麻烦的思想，所以他才走上了创业的道路。毕竟创业，需要你处理各种麻烦琐碎的事情，前期资金投入，店铺选址，设备购买，人员合作，洽谈生意等，无一不需要自己去解决。对自己要做的事都怕麻烦，那你还能做什么呢？

所以提高执行力，前提是你必须不怕麻烦。

2. 有清晰的行动计划。

执行力并不是一股脑儿地横冲直撞，不顾后果地胡乱行动。相反，好的执行力更讲求章法。而这个章法，就是清晰的行动计划。

但是，很多人之所以无法达成目标，并不是因为没有相关的行动计划，而是因为他们往往把精力集中在计划当中做不了的事情上面。

也就是说，他们的注意力通常都是想着这个目标有哪些地方做不了，却没有去想，哪些地方是可以做得到的，然后从中找到行动的切入点。

例如你的目标是今天要写出一篇文章。缺乏执行力的人一般都会觉得，不知道怎么着手写这篇文章，对此毫无头绪；资料不知道怎么寻找，谋篇布局又不知道怎么实施，思前想后，最终还是无法落笔。

但执行力强的人，就不会想这些做不到的地方，他们会把更多的精力放在怎么实现这个目标上面，设计具体的可行步骤。

既然今天要写一篇文章，那么就去思考，要写哪个类型的文章，而这个类型的文章，要写什么内容，需要结合哪几个点去阐述，又需要找出哪些相关的例证说明。

有了这些基本头绪后，再思考哪些地方才能找到这些资料。最后就是思考如何安排这些资料，先写哪些，接着写什么，结尾写什么。

也就是说，他们从能做的地方入手，一步一步地将不能做的地方慢慢解决掉。正如一开始让你去埃及，你肯定不知道如何到达目的地。但是当你把护照、路线、航班这些资料整理好之后，剩下的，带好现金坐车去机场就行了。

所谓清晰的行动计划也不过如此。

3. 积极主动。

雷军曾经说过，如果你不是出身富贵，忠诚和勤奋是你成就事业的唯一机会。能力可以培养，态度必须自己端正。有了良好的态度，能把不可能变成可能，把可能变成现实。

这就是对积极主动的最好诠释。

一个渴望优秀的人，面对人生路上种种可能的挑战时，不仅不会逃避退缩，反而还会拥抱这种挑战，用兴奋和激情去解决这些困难。只有拥有这样的素质和心态，才能够成为优秀的人才。

问题永远都有，人生就是一个不断解决各种问题的过程。你用什么样的姿态去面对这些困难，就能体现出你是一个什么样的人。

我们会有心生烦恼、心情低落、心不在焉的时候。这一秒钟我们有种处于人生巅峰的感觉，下一秒也许我们就会突然陷入低谷。变换之快，只在转瞬之间。如果我们没有积极主动的心态，一遇到困难就消极，很可能一些将来回过头来看是很微小的困难，就会把我们击倒在地，爬不起不来。

《高效能人士的七个习惯》一书的作者史蒂芬·柯维指出，一个人从依赖期到独立期，第一个必须要培养的素质，也是最重要的习惯，就是"积极主动"。

积极主动，意味着你从被动的命运决定论者手中夺回主动权，让自己主动地去面对人生的困难。

对于执行力而言，这是不可或缺的核心特质。

三、 如何培养执行力

想要培养出行动力的特质，你就必须循序渐进地建立一套可行的机制。

自信心、精神状态、意志力和情绪喜好这些因素，都会不同程度地影响到我们的执行力。

而这些要素，并不是一成不变的，它们会有一个周期性的波动变化。有时你不知道为什么，就突然感到自己心情很低落，什么事都不想干。

弗洛伊德曾说过，我们意识中的本我会更倾向于获取愉悦感。正是这种愉悦感，会引导我们去做一些自我放松的事情。而执行力往往是不放松的行为。所以培养执行力，就是通过自我控制来对抗大脑这种趋利避害的天性。

当你去做一件事的时候，你要想一想，这件事到底会损耗和增益我们身体的哪些资源？

好比你玩游戏，会损耗你的精神，却会让你获得愉悦感，也就是有好心情，所以有些学习不好的孩子，让他们待在网吧玩个三天三夜都能够乐此不疲。

而坚持运动，会损耗我们的意志力，获得的愉悦感也是滞后性的，而且无法即时带来正面的反馈，所以这种吃力不讨好的事情，大脑自然做起来就不乐意。

至于谈恋爱，则会给我们带来即时的愉悦心情；热恋时还能够让我们感到精神饱满，只会损耗少部分的意志力。无需多言，这种事任何人都乐意去做，对此执行力很强大。

还有就是事情的困难度会影响到我们的自信心。一些事情，我们很容易做到，自信心强，所以执行起来也不会有太大的困难。但一些事情，好比你让我去发明原子弹这些，我没有能力做到，缺乏自信心，所以拖延下去，也是很正常的事。

基于这四种特质，我们就要结合自身状况和事情的具体情况，来设计合理的行动步骤。

正如有些人做运动，由于形成了一个合理的习惯，损耗的意志力维持在一定的水平。如果让你去按照他的运动计划去做，你的执行效果只会很糟糕。毕竟这种做法说不定会损耗你很多的意志力。

所以在你开始行动之前，先评估一下自己的身体状况和任务的合理性，调整好各个方面，这样行动起来才会事半功倍。

但一些通用的法则也可以帮助我们培养执行力，大概有四条：

1. 从最简单最容易的事情开始做起。

正因为事情简单，所以才容易上手，做起来没难度，不会过多地损耗自己的意志力，也能够从中提高自己的自信心，获得满足感。就算你的目标再"奢华大气上档次"，每一次行动，不管是坚持到第几天，你都要从最简单的那一个部分开始做起。

就像你想提高自己的社交能力，突然让你置身于社交环境，你也无从入手；一旦表现不好，你获得的打击也许会更大。这个"提高自己社交能力"的宏大目标，短时间内压根无法做到。

为了建立可操作的行动步骤，你就要给自己设定一些简单的任务，诸如这次跟朋友聚会，一定要发表一次完整的意见；下一次跟同事出来聊天，一定要赞美一次对方。这样就容易做到了。

正所谓"千里之行始于足下"，"足下"就是最容易做的事了，抬脚迈开一步就行。积累下去，你的改变就非常可观。

2. 评估做的事情会消耗我们自身多少资源。

以前的我不喜欢洗碗，觉得洗碗很烦琐，每次吃完饭都让母亲去做，从不分担她的辛苦。

洗碗这种事，一般顶多十五分钟就能全部搞定了，压根不会消耗我们的太多精神和意志力。我以前之所以不想去做，是因为觉得这件事麻烦，无法让我获得即时的愉悦反馈。

　　既然没有愉悦感的反馈，那么做这件事，消耗掉那一点点的精神和意志力，也就会让我们感到退缩，执行起来会很困难。所以这才需要从最简单的步骤开始做起，如把碗拿到洗碗池，或先洗第一个碗等，让大脑感到做这些事其实也不是那么举步维艰。

　　如果你开始做一件事的时候，觉得这件事将会消耗你自身的很多资源，你就要想想，你的安排是否合理了。明明每天阅读十五分钟的书就行，你非要读五个小时，这样就吃力不讨好了。但如果你每天间隔地安排几个十五分钟用来阅读，这样既可以缓解意志力的消耗，也有时间调整自己的精神状态。

　　合理分配我们自身有限的资源很重要。

　　3. 时刻提醒自己将会获得的愉悦感。

　　当你忙了一天，累到不能动的时候，突然想起自己还没有洗澡，你会睡过去，还是洗完澡再睡呢？

　　如果你觉得洗不洗澡睡觉都无所谓，你可能会继续睡；但如果你觉得洗完澡才去睡觉，身体干干净净，轻轻松松上床，我相信你去洗澡的动力会更大。

　　而这种想法，就是行动之后所获得愉悦感，也就是正面反馈。这种反馈的获得，在做事的过程当中，你一定要时时刻刻提醒自己。

　　为什么我要去洗碗？因为等我赶快把这事处理完，我就可以很放心地玩手机和看书了。否则把碗碟放在一旁不管，心里总是觉得有根刺似的，让我无法安心地去做自己的事。所以当我洗完碗，我就可以痛痛快快地做喜欢的事情。

同样，我为什么每天坚持看书？因为看书可以让我学到东西，让我获得进步啊。而且当我完成今天的阅读任务后，接下来的一段时间，我都可以好好放松自己了，也有更多时间做其他事情了。

这就是愉悦感，有长期的，也有短期的。任何时候都要找到它，然后时刻提醒自己。

4. 建立适当的提醒机制。

有些事不是我们不想做，而是因为错过了最佳的行动时机，在没有办法之下，我们只能拖延下去。

就像我家里的生活费用，很多时候我都没有及时去交款，就是因为总会被其他事情占据我的注意力。当我想起来之后，已经错过了最佳的行动时机。别无他法之下，我只能留在第二天去做。日复一日，事情就这样拖延下去。

后来，我就把这些待办事项用手机记录下来，开启提醒模式。时间一到，获得提醒后我就立马动身去做，久而久之，我就慢慢养成了设定任务——获得提醒——立刻行动的反应习惯。

把事情安排得井井有条，设立提醒机制，这对于提高我们的执行力来说，会起到很大帮助。

如果你能够按照这个流程去行动，每天都行动一点点，无形之中，你的执行力就会慢慢培养出来了。

把一件事做好，比起你想把所有事情做好，更能够让你获得明显的进步。

这就是执行力。无他，唯习惯而已。

你不知道怎么奋斗，先把这五件事做好吧

你现在是有奋斗的目标，还是一直过着浑浑噩噩的生活呢？

美国作家兰德尔·贾雷尔说过，如果你被置于某种地位的时间足够长久，你的行为就会开始适应那种地位的要求。

这句话可以从两个层面去解读。

第一，如果你的时间一直停留在去做低价值地位的事情，长此以往，你对自己的要求和所做的事，都会以这种地位的形式去行动。

第二，如果你的时间一直用在去追逐那些高价值地位的事情上，只要适应了那种感觉，你的行动就会慢慢对自己有更高的要求。

我们每个人都拥有一样的时间，但并不是每个人的时间都能够产生出相同的价值。

假如现在的你还不知道做些什么才能够让自己变得更好，那么先把下面这五件事做好，让其变成你的习惯。坚持下去，你才会在通往未来的路上有所斩获。

一、 克服拖延对自己的影响

中国社科院的一项调查显示：目前中国有百分之八十的大学生和百分之八十六的职场人都患有拖延症。百分之五十的人

不到最后一刻绝不开始工作。百分之十三的人没有人催就不能完成工作。

拖延症对于我们的学习、工作和生活，甚至是健康，都带来了巨大的损失。而大部分人都对自己的拖延感到后悔。

但讽刺的是，我们的拖延行为有时候却到了无以复加的地步。总之能够得过且过，就不会对事情有任何紧张的冲劲。

也就是说，我们知道拖延的严重性，也很后悔自己有这种情况，然而在很多时候，我们却依然"马照跑，舞照跳"般的，做着一些没那么浪费精神力气的事情。

为什么会这样？

归根到底，还是我们已经习惯待在低价值的地方了，适应了这样的生活节奏，想要抽身离开却发现自己早就深陷泥潭之中。

懒惰成为我们生活的常态。

TED 的演讲者蒂姆·厄班对于拖延有更加深入的分析，他把拖延分成两种：短期拖延和长期短期。

所谓短期拖延，就是你这个拖延只限定在一个特定的时间内，你就在这段时间内尽可能地拖延。例如暑期作业，我相信很多朋友都是在暑期结束前那个星期才开始做。这种拖延对自己的影响，也只在这段时间内起作用。

而长期拖延就没有那么容易发现了。这种拖延没有截止日期，在短期来看，似乎对我们并没有什么影响，然而长期来看，积累下去的懒惰却会影响到我们的人生。如果我们对此没有一个清晰的认识，拖延就会成为我们人生进步的"拦路虎"。

于是我们当中的很多人，就由此为自己的懒惰找到不同的借口。

想要解决它吗？我帮不了你，因为这些事需要你自己去行动解决。你这一次敷衍了自己，你在其他事上只会更加习惯性地敷衍自己。

我这里只提供一条公式给你：

目标（具体和可实现的）＋合理行动时间＋注意力（排除干扰因素）＋奖罚机制＝克服拖延

只要这样去做，相信很多你想做的事，就能够获得一个比较满意的结果。

二、 主动经历不同以往的事

认知心理学表明，人的大脑是由一千亿个神经元组成的。

这些神经元的相互连接打通得越多，我们掌握的东西就越多，思维也就越灵活。好比你以前不会骑自行车，现在你会了，那么说明你大脑一部分的神经元已经连接起来了。

大脑是用进废退的，如果你经常故步自封，什么都不愿意动脑筋去学习、接触，那你年老的时候，就很有可能患上阿尔茨海默症，俗称"老人痴呆"。

人生的进步不是重复固有的行为，而是不断扩展自己的行为模式，让自己能够收获更多的可能性。

你每天的行为模式是上班、下班、逛街、吃饭、睡觉，这些是你每天重复做的事情。但如果你懂得主动扩展你的行为模式，插入诸如阅读、与新朋友交往、参加志愿者等这些行为，你就会获得不同以往的生活经历和经验。

而这，就是让我们自己成长的根基。

很多人无法打破自己的固有行为，去经历一些与众不同的事情，不外乎有三个原因：

1. 害怕陌生的世界，不相信自己有应对的能力；

2. 满足于现状，觉得自己没必要做其他事情；

3. 心有余而力不足，觉得自己年纪大或者没有多余的时间去做。

正是这三点，限制了我们扩展自身的行为模式，从而导致自己故步自封，无法接触这个世界的新生事物。

问题是，只要我们愿意，我们依然可以克服这些困难。

我写了很多与社交有关的文章，旨在提高自身的社交技能。但这并不意味着我在提倡无效社交。我提倡的是，你可以不社交，但你不能没有社交的能力。

为什么？

因为适量且适当的社交，能够有助于我们从其他人身上获取一些我们无法得知的信息，而这些信息，说不定对于我们的工作或生活都有很好的帮助。

我的一位香港朋友，在中国移动（香港）公司任网络运营总监。之前他回大陆，通过聊天，我得知他这段时间与几个朋友一起创业，借助自己工作多年的经验，组建和运用大数据，去帮助其他公司整理和处理相关的信息。第一桩生意已经赚取了二十多万。

朋友之所以有创业这个念头，是因为他在中国移动（香港）工作之前，曾经在深圳一家网络公司做过两年的网络技术主管。正是由于这段经历，他才能够顺利进入中国移动（香港）工作，从事高薪职位，了解到大数据的处理和运用。

当时我问他为什么要到深圳工作，朋友答道："想获取不同的工作经历，了解不同的市场环境。否则我一直待在香港工作，接触不到内地的环境，就无法了解整体市场环境的变化趋势，看问题的视野就会受到限制。"

他说，任何经历，只要能跳出我们固有的行为模式，对我们的人生都会有帮助的。

所以，不管是学习社交技能也好，还是掌握其他能力，尽量不要抗拒自己去接触，把这些有用的行为加在我们固定的行动模式之中，走出舒适圈，我们人生的价值就会因此获得提升了。

前提是，你需要勇敢一点。

三、 时刻对学习保持饥渴

乔布斯那句名言"Stay hungry, Stay foolish"，已经被别人用烂了，但这并不代表这句话就没有任何意义。

现在这个年代，知识更新迭代异常迅速。上一年可能还有用的建议，今天也许就成为错误的示范。

为了让自己跟上时代的步伐，最好的方法，就是对新生事物保持着学习的饥渴，随时更新自己的知识体系。

问一问自己，过去一年，你的阅读量有多少呢？

我身边那些保持阅读的人，一般为人处世和谈吐思考，都比那些没有阅读习惯的人，高出几个段位。正如我上面提及的那个香港朋友，就有保持阅读学习的习惯。

但为什么依然有很多人不愿意读书呢？原因大概有三个：

1. 没有多余的时间和精力；
2. 拿起书来却看不下去；
3. 觉得看书对自己没有帮助。

第一个原因，就是时间安排的问题了。我是从事影视娱乐方面的工作，每天都很忙，经常在外面组织活动。很多时候我回到家写文章，往往要写到凌晨一两点才可以。但是，我依然可以利用零碎的时间，平均一个月看四本书。

一个月看四本书很多吗？并不多，贵在坚持。

有时工作在外面吃饭，我都会拿起 Kindle 一边吃饭一边看书。身边的同事都嘲笑我，吃饭就认真吃饭嘛，这样对眼睛和肠胃不好。

我当然不鼓励这种做法，只是意识到不能浪费自己日常生活中的零碎时间，如果把它们利用起来，都可以看完一本书。例如通勤坐车的路上，或者睡前的半个小时。

第二个原因，就是书本中的内容无法吸引到自己了，解决的办法，就是你要懂得"选择性阅读"。同一类型的书，如果深奥的版本你看不下去，你可以看一些精简版，或者看一些能够让自己感兴趣的版本。

市面上很多图书的内容都有重叠的现象，只不过是换了另一种表述方式而已。搜索一下"拖延症"这类书，你就会找到不同作者写的书。找到一本适合你自己阅读的版本，然后每次阅读几页或者几十页，每天坚持下去，快则一个星期，慢则一个月就能把这本书看完。

至于第三个原因，就更容易解决了。你觉得看书对自己没帮助，是因为你看的书，没有针对你当前的问题。你想解决拖延的习惯，你却跑去看《克服人生的烦恼》，那当然对你没帮助了；你想解决口才不好的问题，你看提高演讲能力的书，也很难帮到你。

所以，找出能够针对性解决你问题的书籍，才会真正发挥出阅读的力量。

而保持学习的饥渴，不断持续学习，你应对世界变化的能力才能够迭代更新。

四、 学会控制自己的情绪

现在我们的情绪很容易被周遭的世界操纵。

看到一则负面新闻，连真相都还不清楚，就义愤填膺地发出呐喊。一旦这件事过去了，自己就好像若无其事，对这件事不理不睬，毫不关心。

我们太容易失去理性的判断，被负面情绪牵着鼻子走了。你以为你是在表达自己的思考，其实你只不过被情绪蒙蔽了理性的双眼罢了。

在日常生活中，控制不了自己的情绪，带给我们的伤害还远不止如此。俗话说，我们躲得过一头大象，却躲不过一只苍蝇。

为什么？

因为在大事上，我们是非对错的准则非常清晰，你知道，我知道，他也知道；然而在一些小事上，这些准则的定义就变得很模糊了，你以为他知道，其实对方根本不清楚。

很多时候家人与家人之间的矛盾，爱人与爱人之间的冲突，就是因为这些小事而引起的，导致我们大动干戈，情绪暴躁。

你的生气，对方压根不知道是踩了你哪条尾巴。在没有沟通的情况下，你的生气就很容易引发出更大的冲突。

控制情绪很重要，至少在我们还没有知道事实真相之前，我们千万不要过早地暴露自己的情绪。

有些事，你因为冲动做错了，可以及时修补；但有些事情，一旦你做错了，就再也无法回头了。

成长，就是意味着你懂得控制自己的情绪。如果你控制不了自己的情绪，你也就无法得到更宽广的世界了。

五、 保持运动的习惯

生命在于运动。

无论你再怎么拼搏，也不要忘记保持运动的习惯。如果你没有，终有一天身体会拿回属于自己的东西，带给你相应的惩罚。

现今时代，手机和网络占用了我们太多的时间和注意力，很容易导致我们的身体慢慢退化。现在不少人熬夜猝死，不懂得照顾自己的健康，实在是非常可惜。

所以无论你怎么繁忙，都要尽量保持一个健康的生活习惯，而坚持做运动，就是其中之一。

　　每天坚持做半个小时运动，无论是像我这样打羽毛球，还是打乒乓球，甚至是最简单的饭后散步，对于我们的身体都非常有益。

　　如果你拥有好的体力，整天都能够保持精力充沛、信心满满的状态，那你无论做什么都能事半功倍啦。不要迟疑，赶快安排时间去做吧。

懂得用极致的态度去努力，你才有可能变得更好

　　记得前一段时间，我碰到以前在内地读书时的中学同学。

　　她在本地一家全国连锁的教育机构里面做副校长，而我们公司就给这个教育机构拍摄宣传短片，然后我就遇到了她。

　　坦白说，我们已经有将近十年时间没见面了，于是我们就聊了彼此的很多事情。阔别这么多年，我回香港上大学后，朋友高考就去了广州中山大学读书，还考了研究生。毕业后回到当地做起了英语老师。

　　在我印象当中，朋友的英语一向不好。当年读书，往往是她战战兢兢向我讨教怎么学习英文，也往往是我的英语考试成绩比她好。没想到高考志愿，她居然报读了英语专业，而研究生还进修了英语语言文学。毕业了，居然做起了英语老师，做到现在副校长这个位置。

我不解地问她："当年学英文学得那么吃力，为什么要选择这样一条路死啃下去呢？"

朋友说："其实我挺喜欢英文的，只是我当年的英语发音和学习方法，总是缺乏你这样的天赋，导致自己对此一直很自卑，所以才让人觉得我讨厌英语而已。不过后来我觉得，如果一直都学不好英语的话，可能就无法实现自己的梦想了。"

朋友的梦想很简单，找一个相爱的人，有一份稳定的工作，偶尔出国旅游，把欧洲各国玩一个遍。现在她几乎都实现了，因为每年公司都会给员工安排带薪假期出国游玩。尤其她现在成为这个校区的副校长，公司委派她到外国出差至少一年也有两次。

我问朋友，当年是怎么把英语学好的？朋友想了想后，给了我一个言简意赅的答案："没什么特别方法，只是把学习这件事做到极致而已。"

为了纠正英语发音不标准这个问题，朋友试过把一些说不好的单词对照真人发音连续朗读练习了几百遍。她说，有次为了把一个多音节的单词念得流利，她待在房间里整整念了半个小时。为了念好一个单词而花了半个小时，最终让她的英语发音，地道得连公司里的外教都自愧不如。

还不止如此。当年考研，为了考出好成绩，她从当时那几年的考研真题中，筛选出几十篇文章，然后将其背诵得滚瓜烂熟，从而把每篇文章的重点知识吃透，最终英语拿到了 91 分的高分，英语能力早就强于我太多。

现在朋友给我的感觉已经不是以前那个自卑、内向、说话闪闪烁烁的小女生，她已经变成了一个成熟、自信，走出来威风凛凛，也能够跟别人侃侃而谈的"女强人"。

是什么让朋友获得如此大的蜕变？

正如她所说，把一个困扰她的问题，不断用极致的方式去解决它，于是就收获到了一个不一样的结果，成就了一个不一样的自己。

反观我们自己，为了让自己变好，然后去解决自己身上的问题，我们做过最极致的事情，又是什么呢？

我经常会收到读者发来的各种问题。他们都很渴望改变自己，很想让自己优秀起来。不过隔了一段时间，再次跟他们聊天，他们依然是那个"十万个为什么"的好奇宝宝，继续锲而不舍地向我讲述类似的烦恼。

其实他们咨询的某些问题，我的文章里都谈论过。

尽管我还是会尽力为他们解答，但我慢慢就发现，有些人，或许一直都无法改变自己，不管他们心里如何渴望让自己获得蜕变。

为什么？因为他们一直都只是纠结于问题的出现，而不是专注于问题如何解决。

有些读者跟我说，他们缺乏说话的自信，总觉得在人前无法好好表达自己。我就告诉他们要如何培养自信，如何调整心态。

有些读者跟我说，跟朋友相处得不好，自己总是被他们嘲笑，我就告诉他们，要让自己强大起来，随时都懂得反过来开朋友的玩笑，不要被动接受别人的攻击。

可惜，他们回馈给我的感觉，依然好像没有太大的变化，还是纠结于问题的出现，而没有想过，自己要怎么样做，才能够杜绝类似问题的发生。

他们都太心急了，或者都太浮躁了，恨不得拿到我的建议之后，立刻变得截然不同。问题是，为了改变身上的这些缺点，他们付出过极致的努力吗？

我跟一些渴望锻炼口才的读者说过，如果你能够用一个星期时间，把一篇五百字的文章大声朗读到脱口而出，做到一想到前一个字就能够立刻念出下一个字；就算隔了几个月时间，依然可以把它一字不漏地念出来，你自然就懂得怎么提高口会才了。

可是，有多少人能够做到呢？

把一篇文章坚持大声朗读到脱口而出，对于口才的提高只起到一部分的锻炼作用。然而，如果你连这么一件微小简单的事情，都无法做到，那其他事还能够做到吗？

很多人想要让自己获得改变，却才用一点点时间去做，这会获得什么结果？

他们往往把时间都用在纠结这些问题上，而不是把时间专注投入到解决问题上面，运用极致的方式去提高自己的能力。那么继续以当前的态度去面对生活，我想，他们可能一直都无法改变自己，让自己变得更好。

想要获得进步，专注于问题的解决，而不是问题本身，这才是最正确的做法。

然而，如何才算是专注于问题的解决？

一、 改变自己

改变自己，并不是一件容易的事情。

我们每个人的性格经过了几十年的塑造，才形成现在这个样子。性格是习惯的重复，重复次数多了，就变成我们的性格。

也就是说，我们多多少少都是性格的俘虏。

英国赫特福德大学的心理学教授本·弗莱彻对日常生活中的怪诞心理学非常感兴趣。他曾做过一系列思维和行为相关的实验，他发现，人往往容易受到自己习惯的拘囿。

他推论，人们在生活中面对的很多难题，可以归因于他们非常不灵活、不懂变通，被某些习惯束缚了手脚。胖子养成了吃得多、锻炼少的习惯；吸烟者习惯性地掏口袋点烟；想要恋爱却一直单身的人，习惯于去同样的地方，用同样的方式跟同样的人交流。

习惯带来了舒适，于是跳出习惯去做一些不同以往的事情，就显得尤为困难。

美国当代心理学之父威廉·詹姆斯曾经有过一个著名的理论，就是情绪和行为之间是互相影响的。人们微笑是因为快乐。同样，人们快乐也是因为微笑。

这个理论已经被后世的很多心理学家所证实。如果我们剥夺一个人脸部表情的变化，然后给他看一些伤心的东西，他情绪反应的波动，远远不及那些看完能够做出皱眉头、面容低垂、难受表情的人。

所以，有一些缺乏自信的人，他们之所以缺乏自信，往往是因为他们长期做着一些没有自信的行为举止，从而形成了一个固定的习惯，最终导致他们一直困在这种状态里面，无法抽离出来。想法不够积极，行为不够积极，说话不够积极，整个人也真的变得不够积极。

　　而阻碍他们用一种习惯以外的方式行动的，大概有三个因素：

　　1. 信念不够坚定。

　　对于想要的目标，并没有达到非要不可的地步。能够做到固然很好，做不到也没什么大不了，反正当前的生活也还能接受。

　　2. 无法适应新的自我。

　　跳出固有习惯去行动，往往需要用一种新的性格模式去表现自己。当这些人接受不了新的自己所做的事情时，好比不会赞美的人突然让他去赞美别人，他们就会觉得浑身不自在，会产生一种虚伪的不适感。

　　3. 因恐惧而习惯性逃避。

　　用新的习惯去做事，对于行动带来的改变，他们心里会产生未知的恐惧感。为了保护自己，只能蜷缩在安全的范围里面，去逃避接触新的世界。久而久之，就形成了一遇到挑战就躲避、拖延的恶性循环。

　　这三种因素导致了大多数人都无法改变那些不好的固有习惯，从而让自己变得更好。无论他们听了多少建议，到头来只会原地踏步，什么都做不了。

　　正如威廉·詹姆斯那句名言所说的那样：如果你想拥有一

种品质，那就表现得仿佛你已经拥有了它一样。

对比一下，现在让你咬牙切齿地双手用力抓紧拳头，你是不是有一种力量想往外蹦的感觉？而当你垂下肩膀，佝偻着身体时，你是不是会感到自己很丧气呢？当你挺起胸膛，目光锐利地直视前方，又是不是会感到充满自信呢？

可想而知，若你长年累月都用一种负面的思想去行动，无论遇到什么事情，都无法跳出这种行为、思想和性格习惯，你会得到什么结果？

那是不是拥有这样习惯的人，真的一直无法让自己变得更好呢？

当然不是。

我们人生遇到的问题，可以分为三种：努力就能够解决，要结合时机才能够解决和永远无法解决。

对于大多数人而言，很容易错把第一种问题当成是后面两种问题。明明只要付出足够的努力就可以获得一个结果，却总是觉得自己无论怎么努力，都无法改变情况。

正如我朋友那样，她英语不好，想要克服这个困难，掌握英语，这个问题只要愿意付出努力，肯定能够解决。面对这种问题，只要用极致的方式坚持努力，任何人都能够获得长足的进步。

然而，正因为大多数人都陷在固有的习惯当中，于是即便眼前这些问题能够被解决，最终也只是选择逃避、拖延，连尝试一下都不做，或者信念不够坚定，做几次就放弃，导致自己重复用旧有的自我继续生活。

你问一问自己，困扰你的那些问题，是真的不能解决，还是只是你不想去解决？

如果你真的想去解决，那就用那种解决问题的行为姿态去学习、锻炼。如果你觉得不够自信，那在日常生活当中，就用一种自信的姿态，去做一些能够让自己提高信心的事情。

当你重复练习的次数足够多，把这种事情练习到极致，心里有了另一种新的体会时，我相信你整个人最后肯定会变得"焕然一新"。

二、 突破固有行为习惯

踏出第一步很重要。很多人无法行动起来，就是因为一直留在想的阶段，连第一步都没有抬起脚去走。

为了更好地让自己突破固有的行为习惯，获得进步，有五个步骤你必须要了解。

1. 发现自己的问题，找到核心原因所在。

把当前困扰你的问题写下来。这些问题是怎么来的？是什么原因导致它们的出现？它们是可以被解决，还是无法被解决呢？

不要只是想，而是要行动起来，把这些问题写在一张白纸上，要写得清清楚楚。

2. 找到最适合自己解决问题的方法。

这个问题有多少方法可以去解决？每个方法分别可以解决到哪些层面的问题？譬如锻炼口才，朗读可以锻炼口齿的流利程度，复述可以锻炼语言的组织能力。

现在你需要专注于解决哪些方面的问题？找到最适合解决你目前问题的方法，先用它来行动，其他的方法暂时一概不管。

3. 投入特定的时间，专门去解决这个问题。

一天或者一个星期里面，有哪些时间可以留给你去解决这个问题？用一张纸，把这些时间写下来，贴在显眼的地方去提醒自己。

每个时间点都给自己安排特定的任务量。例如你不敢开口说话，在那个时间，就给自己安排说话的任务，无论自言自语也好，还是跟别人聊天也好，总之让自己行动起来。

4. 循序渐进去练习，直至成为习惯。

人生的问题很难一次性就获得解决，所以一定要循序渐进突破舒适区，把问题拆分成一个个小任务，逐个击破。那积累下来的变化，才能让自己慢慢变得不一样。

我朋友为了念好一个单词，重复念了五百遍，那你刚开始念五十遍就好，然后才去念一百遍、两百遍。当你能够不用刻意就可以自然表现出新的姿态时，你就建立起一个新的习惯了。

5. 用极致的态度去解决这些问题。

什么是极致的态度？

用极致的行为去做上面这些事情，你自然就拥有了极致的态度。态度不是想出来的，而是表现出来的。

不要等到你拥有了一个好的态度才去行动。威廉·詹姆斯的理论告诉我们，行为会改变情绪。我们想要不恐惧，就要用不恐惧的姿态去面对困难；想要不被旧有的习惯控制自己，我们就用新的习惯去生活。

如果你连这种姿态的转变都做不了，那么对不起了，也许你会一直都无法让自己变得好起来。

想一想，你到底是想甘于现状，还是想开辟属于自己的一片新天地呢？

我告诉了你如何去做，至于做不做，那就是你的事情了。

怎么做，才能让自己成为一个有能力的人

人生就是一个不断解决问题的过程。

每个阶段都有需要解决的问题，而怎么把这些问题一一解决掉，就能够体现出我们的个人能力。很多时候我们的人生之所以充满烦恼，就是因为我们想要解决的问题太多，而能够用来解决它们的能力却太少。

想要减少我们的烦恼，我们必须成为一个有能力的人。那什么样的人，才能称得上"有能力"呢？

尽管有能力的人各式各样，但他们都有一个共同点，就是他们身上都有自己一套独特的"行事体系"。这套行事体系指导着他们行动，帮助他们处理世界上各种纷繁复杂的问题，从而解决了每个阶段的烦恼，最终让他们跻身于强者之列。

我们每个人都可以建立这样一套属于自己的行事体系。

一旦你遇到问题，只要把这套体系套在那个问题上面，你就知道接下来要怎么行动，才能够解决它。

然而，建立这套体系并不是一件简单的事情。

一、 什么是行事体系

我们每个人对这个世界都有自己的解读方式。

从我们的婴儿时期开始，我们就跟外界进行着一系列体验和反馈的相互作用行为。假如你生长在一个富裕的家庭，你哭闹的这个体验，可以给自己带来各种呵护和照顾的反馈，那你就会觉得这个世界很多事情的获得都是理所当然。

相反，如果你成长在一个贫穷的家庭里，外界给予你的反馈相对来说就会截然不同。你的各种需求未必会得到恰当的满足。

两种人从现实当中获得的反馈会形成他们各自的经验。当他们在这些经验之上总结出自己的理论之后，这些理论就会带给他们不同的判断。于是，这些判断就会指导他们产生不同的行事方式。

到了这个时候，他们就有了一套属于自己的行事体系。

试想一下，你问富二代和一个普通男生怎么追女生，他们会给你一样的答案吗？即便你把这个问题抛给另一个富二代，他的回答跟前一个富二代的也未必完全一样，某些地方肯定会有些微的差别。

换言之，他们这套行事体系只有他们才能够运用，套在其他人身上，说不定就会弄巧反拙。正所谓"甲之蜜糖，乙之砒霜"。

但是，一旦他们想要去结识某个女生，这套行事法则就会帮助他们去解决这个问题。正如消防员遇到火灾，他们就要用到从学习和训练这个体验反馈当中，建立起的一套救火行事体系，来把这个火扑灭。

只要保持着某种程度的成功率，一般人是很难更换这套行事体系的。因为，这涉及我们经常听到的，所谓的底层认知的问题。

底层认知是可以随着我们的学习而一直保持更新的。你怎么学习，或者学了哪方面的知识理论，都会对你底层认知的信念体系产生改变的作用。这也是心理学所说的，改变你的信念，你才能改变你的生活。

然而，这也是建立行事体系的困难之处。因为并不是每个人都意识到自己的底层认知出了问题；就算他们意识到，也不清楚怎么去更新自己的认知；就算懂得去更新，也没有足够的信念去行动。

无论如何，只要你能够更新你的底层认知，改变你的信念，就你可以在主动行动这个体验当中，从外界获得相应的反馈，从而建立一套属于自己的行事体系。

二、 如何更新你的行事体系

我们身上的行事体系不会只有一种。

面对爱情，也许我们会有一套相应的体系；与人交往，我们又有另一套体系；处理工作，我们也会有对应的一套体系。这些体系一定要"各自为政"发生作用，才能让我们的生活变得井井有条。

但由于我们生活的局限性，我们很难有机会获得多种行事体系，也不知道已有的这些行事体系到底是正确的还是错误的。

更甚者，有些人只用一套行事体系去处理生活上各种各样的问题，然后突然有一天遇到某件事，才醒觉自己一直以来都是用错误的方式去面对世界。这样的例子，在生活中比比皆是。

例如一个在事业上有所成的男生，用工作上那套行事体系去跟家人相处，导致妻子和孩子的生活都过得很压抑。之后妻子带着孩子跟他离婚了，他才明白自己一直以来的问题。

当你意识到自己有这样那样的问题时，你就应该要有意识地更新自己的底层认知，主动学习正确的行事体系。

诚然，我们不可能把每一套行事体系都学得非常完美；只要适合我们自己，而且这套行事体系能够起作用，基本上这就是好的行事体系。

但是，想要让自己变成一个有能力的人，你必须要主动根据自己的需要，去建立一套属于自己的行事体系。

而这个建立方式，就要运用到美国心理学家大卫·库伯提出的理论：经验学习圈（Experiential Learning）。这个"经验学习圈"的核心法则，就是从行动的体验当中获得经验反馈，然后把经验总结出规律理论，从而建立起自己的一套行事体系，最后再用这套体系去指导行动。

也就是说，一个完整的学习过程，应该还是"行动——经验——规律——行动"这四个步骤，形成一个闭合的循环圈。

缺少任何一环，都无法提高我们的能力。

第一步，从行动中学习。

学习分为两种：直接体验和间接了解。

例如你想学习摄影，你觉得是把相机买回来先拍一通后的学习效果更好，还是买一本摄影书籍，看完一遍后的学习效果更好？

结果不言自明。

著名管理学教授贝尼斯曾提出一个定理：一个人的成长，有百分之七十的能力提高来自实际工作当中，百分之二十来自向他人学习，百分之十来自正式的培训。

这个定理说明了，如果你想提高自己的能力，最好的办法就是从生活中、从工作中主动去体验学习，然后再结合书本知识和培训讲座，才能取得最好的效果。

毕竟有过亲身经历之后，你才会获得深刻的感受，而这些感受又会反过来更新你的认知。当你的认知被更新之后，这时再结合相关的指导书籍去学习，你才知道如何针对性地提高自己的能力，从而获得更好的自我提升。

好比你想成为一个懂得追求女生的情圣，那么一次失败的经验带给你的成长，远远比你一开始就阅读恋爱的书籍、听别人分享经验所获得的成长，其效果来得更好更直接。

所以，如果你想习得一种新的行事体系，成为在某方面有能力的人，那就通过行动来学习吧，这就是我在以前的文章中说过的"learning by doing"的方式了。

第二步，从反馈中总结经验。

行动会带来体验，而体验会带来反馈。

当你的反馈足够多的时候，你对于那件事就会获得相应的经验。这时，你唯一要做的，就是学会总结这些经验。

想要更新自己的底层认知，你必须懂得总结这些从主动行动中获取的反馈经验。也许你以前有自己的一套行事法则，或者你做一件陌生的事情时，并不知道自己做得怎样，但一旦这种行事方式无法带给你想要的结果，你就要想一想，问题到底出在哪里？

例如你想增加自己撰写文章这一项能力，首先你每天要花费固定的时间去写作。坚持一段时间后，你对于写作肯定会有某些自己的心得。哪些地方写得得心应手，哪些方面用词不够准确，哪些部分无法表达自己的思想，你多多少少都会有深刻的体会。

然后，根据这些体会，你就要思考一下，为什么写某方面的东西时，无法用准确的词语去描述它们呢？

例如你无法描述出某些建筑物的外貌，经过思考总结，你知道问题在于你对于建筑风格并没有多少了解。什么罗马式柱子、巴洛克楼顶、哥特式教堂等，你通通一无所知。那么这时，你就需要有意识地去积累相关的知识了。

总结经验，意味着你要找出问题背后的核心原因。

第三步，把经验转化为有规律的理论。

经验有普遍性和特殊性。想要让自己变成一个有能力的人，你必须懂得把得来的经验，变成自己的理论体系。

好比有人幸运地中了一次彩票，这个结果如果没有持续发生，那么这种经验就是属于特殊性的反馈结果。

但如果你去拍照，你按照某种法则能够经常拍出好看的照片，那么这种经验就具有普遍性。当你把这种经验总结出一条法则，例如"黄金分割法则"，那么这条法则就成为你的行事体系。你在拍照片方面，就成为一个有能力的人。

换言之，你得到的这些经验能否经过不断的验证？到底它是一个偶然事件，还是一个能够被验证的普遍现象呢？

　　如果你无法从经验当中反思出，或者顿悟出自己的理论，你就很难构建自己的行事体系，也就无法成为一个有能力的人了。

　　当然，除了懂得总结自己的经验外，你还要学会主动去验证从别人身上学来的理论，总结他们的经验。这其中的步骤就是观察——总结——行动——修正。

　　例如你看到别的男生用某种方式跟女生聊天，会获得她们的好感，那么你总结出他们经验的本质特征之后，就可以用这种经验去指导自己的行动。通过行动而从外界获得了经验反馈后，再结合自身情况去修正这种理论。只有这样，你才能让其变成自己的理论体系，把对方的"砒霜"，变成自己的"蜜糖"，增长自己的能力。

　　有了上述这些步骤的实践，最后一步，当然就是持续行动。不过这时候的行动，已经是用新的行事体系去处理外界问题了，你也最终变成一个有能力的人了。

　　所以，想要成为一个有能力的人，就要先找出自己的能力需求，看看自己想要增加哪方面的能力，然后去更新这方面的底层认知，从行动中学习和积累相关的经验。然后再把这些经验总结成自己的理论，并让其变成自己的行事体系，刻意持续行动一段时间之后，你就会收获到那方面的能力。

　　这时，你的不自信，你的低价值，你的彷徨和不知所措，通通都会在这个行动过程当中，慢慢被解决掉了。

怎么解决空有上进心的懒惰心理

有一句话说的好：你现在偷的每一个懒，都是在给自己的将来挖坑。

按常理说，我们活在这个世界短短的几十年，应该都有自己的人生目标，或大或小，或高或低。不管是什么，我们的一生，都在朝着这个目标的方向进发。

但是很可惜，大多数人明明有奋斗的机会，却总是毁于自己的懒惰上。反而那些天生条件不好的人，却总是一次又一次地打我们的脸，成为我们口中的"励志榜样"。

近来看到一则新闻，美国一位天生四肢残缺的黑人，左手只有两根手指，双脚只能通过假肢来辅助行动。然而他从来没有怨恨过自己这种天生的缺陷，因为喜欢音乐，他爱上了弹钢琴。

经过不断的练习，现在他能够把听到的旋律转化为音符，然后用自己残缺的手指把音符优美的弹出来。他还在 YouTube 上发布了一段自己作曲的弹琴视频，获得了 500 万的点击量，成为一时热点。

反观我们很多手脚健全的人，连吃个外卖都懒得下楼去拿，学个技能都懒得去行动。这些已经是跟我们的切身利益相关联的事情了，还遑论其他事情？

蔡康永曾经说过一段话：十五岁觉得游泳难，放弃游泳，到十八岁遇到一个你喜欢的人约你去游泳，你只好说"我不会啊"；十八岁觉得英文难，放弃英文，二十八岁出现一个很棒但是要会英文的工作，你只好说"我不会啊"。

人生的很多遗憾，就是这样产生的。很多时候，我们对于自己的人生，的确充满了上进心。但是空有上进心，并不足以给我们带来实质性的改变，我们还需要克服自身的懒惰，才能够有所收获。

一、 为什么你会懒惰缠身

懒惰是人的七宗罪之一，属于我们人类的天性。

《少有人走的路》这本书里面，作者 M. 斯科特·派克就提出了一个观点：克服懒惰，需要从生到死去和它斗争。

也就是说，想要解决懒惰，我们就不能懒惰。当你觉得现在的自己，已经出现懒惰的心理时，那就说明，你并没有建立一个清晰的行动模式。在你看来，做什么都没有意义，也没有任何目标；即便有一个目标，但这个目标对你来说可有可无，激不起你的动力，那最后你还是会继续懒惰下去。

斯坦福大学心理学家 B. J. 福格教授，是一名研究行为科学的教授。他曾经提出了一个理解人类行为的模型，福格行为模型（Fogg Behavior Model），简称 FBM。

这个模型指出，一个人的行为，其产生机制都必须包含三个方面：

1. 行为动机（Motivation）。

2. 行为能力（Ability）。

3. 触发机制（Triggers）。

这个行为模型表明一个行为得以发生，行为者首先需要有进行此行为的动机和操作此行为的能力。接着，如果行为者有充足的动机和能力来施行既定行为，他们就会在被诱导/触发时进行。

这样一来，就能解释我们为什么会一直处在懒惰的状态当中。当我们缺乏足够的行为动机，而对于行动的事情也没有相应的能力，再加上缺少合理的触发机制时，那么我们就会一再拖延下去，养成懒惰的思想。

用一个具体的情景来举例。

现在你是一个口才不好的人，一直羡慕别人的侃侃而谈、幽默风趣，心里也希望自己能够变成这样子。

你也尝试去改变，可是很多时候，你觉得自己当前的口才能力也能够满足生活的所需，反正不说话依然可以活下去，于是你对于锻炼口才这个念头也不是太强烈（Motivation），继续懒惰地得过且过。

突然有一天，你想去结识心仪的对象，谈一场甜蜜的恋爱。问题是，你却发现自己压根不知道怎么开口表达，跟异性聊天互动。由于你没有足够的能力（Ability）去应对这些情况，最后这件事也只能不了了之，把谈恋爱的念头交托给缘分。

后来，经过朋友的介绍，你总算认识了一位不错的女生。

你表现得小心翼翼，生怕说不好话，就会让对方讨厌你似的。然而，约会结束之后，你从朋友的口中得知，女生对你的印象还是不好，说你讲话让她感到很难堪。

三番四次都落得如此田地，终于，你痛定思痛，觉得自己一定要改变这种状态。在这位女生的打击下（Triggers），你决定要提高自己的能力，锻炼好自己的口才。心里有股强烈的信念：自己涅槃之际，就是人生再度起航之时。

这时的你，想要克服懒惰，增进自己，也不是什么太大的问题了。

所以，如果你觉得当前的自己浑浑噩噩，无所事事，想要做的事情却没有去做，那肯定是缺少了FBM模型的任意一个因素。

想要摆脱懒惰，你必须把它们一一找回来。

二、 提高内在的动机

知乎上，有一个关于如何提高行动力的问题。其中一个作者的回答，我很喜欢。他说：在你行动之前，先问自己三个问题：

1. 这个你是不是真的想要？

2. 到底有多想要？

3. 迟一点要可以吗？

对于这三个问题，我相信大多数人回答前两个时会非常轻而易举，可是当回答第三个时，就会体现出每个人对追求目标的坚定感。

坚定感强，动机也会强，这种人恨不得立刻投入行动当中去获取这个东西。而坚定感弱的人，由于缺乏足够的动机，尽管回答第二个问题，也会表现出自己很想要的思想，然而一旦推迟获得的时间，很多人都表现出无所谓的感觉，反正就是还能接受。

这也是他们心里有目标，却依然会选择得过且过的主要原因——目标达成当然很好，假如没有，现在的情况也都习惯了，继续过吧。

想一想，现在你设定的这些目标，诸如减肥计划，锻炼口才，阅读学习，有哪一个推迟一点实现就会"要了你的命"的？

没有。

事实上，这些长期目标，如果我们没有实现，也很难即时要了我们的命，只会犹如慢性自杀般，一天天地要了我们的命。

直到有一天回首过去，我们才会后悔地感叹，当初要是好好把握，现在的自己该有多好啊！

想要避免这种后知后觉的遗憾，你必须关注当下，提高你的行事动机。而提高动机，就需要从我们的感觉入手。

一般来说，我们人类的动机都与我们的情绪相关联。诸如喜怒哀乐等情绪，会对我们的行为造成不同程度的影响。

所以，你要营造一个具体的感觉情景，让自己置身其中，感受其中的情绪。

例如，我想学钢琴，希望毕业那天，在心仪的女生面前弹奏一曲。这件事会让我感到非常兴奋，一想到女生对我的倾慕之情，对我微笑，对我赞美，我就开心得不得了。

如果错失这次机会，没能在她面前表现我自己，得不到她的注视，我会感到很痛苦。这个机会一辈子都不会重来，做不到，我会痛恨自己一辈子。

这种具体的情景描述足以激发我们的动机，让有这种动机学钢琴的人，抓紧时间去学习。

但如果单纯的想象描述，无法让你产生任何感觉，你还可以在现实生活当中，把自己放在类似的情景当中，去感受那种氛围。

你想提高自己的口才，你就去了解那些口才好的人是怎么表现自己的。通过电视节目，通过演讲视频，通过各种渠道，去了解自己想要的能力，掌握之后会给自己带来的各种可视化结果，以此来增强自己内心的感觉。

当年项羽看到秦始皇出巡，见其车马仪仗威风凛凛，就跟项梁说了一句"彼可取而代也"，这就是置身具体情景，从而激发内心动力的一个好例子。

找到让人感到热情的事情，然后赋予它行动的意义吧，你就不会懒惰了。

三、 逐级提高所需的能力

我们人的意志力有限，做一些简单的事情和做一些复杂的事情，会分别消耗我们不同程度的意志力。所以，想要让自己一下子就能够脱胎换骨，并以此为目标去行动，我们也坚持不了多久，很快就会放弃。

培养自己掌握某种能力，我们必须由浅入深，从易到难，一步一个脚印。这个行动方式，尽管不能短期内就满足我们的全部所需，但是学到的东西，肯定会满足我们相应的部分需求。

只要我们一直保持着学习——满足部分所需——从满足部分所需当中获得更多动力——进一步学习——进一步满足更多所需这个模式，我们就能够慢慢提高自己的能力。

例如，我那个十岁的外甥很喜欢打游戏。

有次来我家，他跟我说他的同学有一个足球的游戏，问我的电脑里面有没有，我只好在网上下了一个足球游戏给他玩。

刚开始，不要说外甥，就连我这么大的人，怎么去玩这个游戏都不得法。为了教会外甥，我看了一下简单的操作攻略后，设置好键盘，就进入游戏开始打比赛了。

玩的头几盘，基本上都是输，往往被对方进了三个以上的球，因为一些射球传球的按键，我压根不熟悉，还没做好操作，对方就已经逼抢上来，球就丢了。

那怎么办呢？

为了解决这个问题，我就把游戏难度降到最低。没想到难度一降下来，对方球员就变成呆子一样，球也抢得不那么积极了。在这种情况下，我有充裕的时间去摸索各个按键的作用和做出配合。

一个小时之后，已经变成我可以灌对方三球以上了；玩久了，甚至进对方七八个球都可以。

在这种愉悦感的引导下，我逐渐把难度调回到正常，其对战结果是互有输赢。而随着我的熟练度提升，即便高级难度也能灌对方两三个球，除非是同城德比，否则还是赢得多。

那种赢得比赛后的快感，让我不断继续专注在提高操作能力上面。我在教会外甥的同时，自己也学会了玩这款游戏。如果一开始我就在高难度的模式上去跟人死嗑，不仅仅会让自己丧失信心，可能到头来我什么都学不会。

既然一个从没玩过这种足球游戏的我，也可以通过这种方式去掌握其中的技能，其他事情，不也是可以这样做吗？

也就是说，先学一点简单的东西，然后用这些东西来满足我们小小的需求；被满足后，我们肯定会收获愉悦感，然后就可以加大力度，再进一步学习一些相对比较复杂的东西。

完成后我们又用这些东西去满足我们更深的需求，获得愉悦感后，又能够继续学习更加困难的东西。

循环往复，直到完全掌握这个东西为止。

所以，不管是锻炼口才，或是其他事情，如果你觉得要做的事情很困难，就把大的目标切割成若干的小目标，降低难度，然后一点点一些些地完成。

当我们从完成切割后的任务当中收获到愉悦的奖励，有了相应的动力后，我们又可以继续投入去做下一个任务了。

毕竟你想锻炼自己的口才能力，从平常的对话中提高获得的愉悦感，肯定比从与客户的交谈中获得的，会更多也更容易吧！

越容易上手，你就越能够克服懒惰了。

四、 建立触发机制

缺少触发机制,我们就算有再多的动力,也很难会行动。根据福格教授的研究,触发机制的产生需要满足三个条件:

第一,触发机制要被我们成功地捕捉到。

第二,触发机制要和我们的目标行为建立联系。

第三,我们要同时具有相应的行为动力和能力。

这样的触发机制可以是外部的,如设置闹钟提醒,到了某个时间铃声一响,你就知道应该干什么了;也可以是内部的,一想到自己一事无成,就立刻坐直身子去看书。

这种触发机制成功被我们捕捉到,又跟我们的目标相关联,而且我们也有相应的能力去做,那我们就可以行动起来。

同时,建立触发机制,就是习惯的养成。

比如把自己关在一间没有任何娱乐设施的房间里,你会更容易投入工作之中。那么这个房间,就是行动的触发机制。通过这个房间,你就可以养成认真工作的习惯。

我写文章就是这样子。有强烈的写作动机,也有相应的写作能力,最后在特定的时间坐到电脑前,打开文档,就可以触发我开始写作。

每个人的触发机制不一样,找到并建立属于自己的触发机制,你就能够慢慢养成行动的习惯,摆脱懒惰了。

没有人可以一蹴而就,想要达到目标,必须经过一段漫长而痛苦的过程。但空有上进心，却什么都不愿意做，到头来，我们的人生只会得到痛苦而漫长的折磨。

想要先苦后甜，还是先甜后苦，谁都无法替你选择。真正让你变好的，只有你自己。想清楚自己努力的动机，慢慢培养出可以行动的能力，最后不断通过触发机制，养成进步的习惯，你就能够收获一个不一样的自己，甚至是不一样的人生。

如何改变思想的限制，
让你真正从行动中获得提升

我经常会在后台收到读者私信给我的各种问题。

我会针对每个读者的问题，"定制性"地为他们授业解惑。但回复多了，我却发现一件事，就是很多读者的问题，其实可以归结为一个原因：想得太多，而做得太少。

有些读者跟我说，他们每天都生活在焦虑当中，没有目标、行尸走肉地生活着，做什么都不顺利，不知道人生该怎么办。

有些读者跟我说，跟其他人没有共同话题，很难融入朋友、同事的圈子中。看到他们玩游戏，自己却不会；看到他们为足球比赛欢呼喝彩，自己又不喜欢。最终只能戴着耳机听歌，一个人独来独往。

既然明知道自己有这样那样的问题，而这种问题又对自己造成这样那样的困扰，那为什么不去做出改变呢？

他们的心态就是这样：彷徨，却又渴望奋斗；心心念念去奋斗，却又总是无法坚持；没有去行动，又因此陷入不知所措的自责当中，再度心生彷徨。周而复始，循环不断。

彷徨，是因为不知道接下来的路应该怎么走；奋斗，是因为想从迷雾中走出一条属于自己的路；无法行动，是因为没有一个确切的前进指导方法；坚持不了，是因为前进的方向并没有看到效果。

想来想去，最终还是陷入死循环，于是就索性继续"静观其变"，跟随生活的脚步随波逐流，得过且过。

很多人总希望能有一个万全之策，嗖的一下就能够解决自己身上的所有问题，却不知道，人生的改变，是由不同时间点的刻度造就的。一个刻度，产生一个变化，只有积累了很多刻度的变化，才会成为我们想要的那个样子。

而每个刻度的变化，都需要时间的投入。我们每个人，组成人生的所有刻度几乎完全不一样。你看到别人很好，是因为别人在不同的刻度里付出了努力，解决了某些问题，产生了变化。

正如我小时候自卑，长大后突然一个契机让我重拾自信；那你小时候也自卑，长大后遇到同样的契机，你能不能够把握住从而让自己重拾自信呢？

没有人敢肯定。

这种不同时间点的刻度问题，是我们人生的转折点。而在人生的道路上，怎么解决你身上的问题，除了你自己，没有人可以帮到你。

很多时候，并不是等我们有了一个万全之策去解决所有问题后，才能够让人生变好。想得太多，顾虑太多，那只会限制你的行动。

你唯一要做的，就是想清楚你当前的人生刻度里，哪些问题是现在的你必须要行动起来解决的。找到它，然后结合下文这五个问题，将影响我们行动的因素降到最低，那你的人生就有变好的可能。

一、 改变有目标等于没目标的状态

"积极废人"这个词，很好地解释了这种有目标等于没目标的人群。激情万分地立下目标去做一件事，然而还没等激情退却，一个星期后就忘记了这件事，什么都没有做成。

为什么会这样？

目标分为两种，一种是外部性目标，另一种是内部性目标。

外部性目标很简单，不做，你就会马上得到惩罚。例如该去吃饭的时候，你不吃，你就会肚子饿；明天九点要到公司，你不到，你就会被扣工资；答应客户提货，你没提，你就会被各种投诉。

在这种目标的作用下，外界对我们行动的反馈会非常迅速，奖罚机制十分明显，于是我们的大脑对这类事情就会投入相当多的精力，专注去完成这些目标。

而内部性目标就复杂很多了。不但反馈缓慢，而且奖罚机制又不明显，做和不做的结果看起来没什么区别。如果大脑感受不到相应的刺激，自然就没那么重视。

例如阅读，你看一天书和看一个月书对你产生的变化，几乎没有区别。即便你没有去做，其结果短期内对你也不会有太大的影响；做了，也是如此。

即便我们强迫自己遵从目标去行动，可一旦没有立竿见影的效果反馈，没有痛彻心扉的惩罚鞭策，那这种行动，就只能依靠我们的自制力来控制。

可惜大脑天性喜欢走捷径，能越少花费精力的事，就越愿意去做。这也是为什么我们有目标等于没目标的原因，我们宁愿一直待在舒适区，什么都做不成。因为要走出来，实在要花费我们太多的精气神了。

为了让我们能够持续地执行目标在这个坚持的过程当中，我们必须做一件事，就是提高大脑对目标的危机感。

外部性的目标，是由外界给予我们危机感；而内部性目标，这个自制力就只能靠我们自己给自己，只是效果一般不大。

但是，如果我们把内部性目标，转化为外部性目标，让其有了外界给予我们的危机感，我们就很容易去行动了。

想一想，很多你完成的事情，是不是都有危机感这个因素呢？

你本来没有看书的习惯，可你主动参加了一个阅读分享会，一个星期后要分享一本书的读后感；你本来对锻炼口才没有太大的动力，可你自告奋勇参加了某个演讲活动，你要在一个星期内准备好演讲的内容，那么这种由内部性目标转化为外部性目标的做法，就会让你大脑产生强烈的危机感。

外部性目标靠危机感，内部性目标靠自制力，结合两者去设立目标，你才会行动起来。

二、 设立行动的检验点

看一本书和看一百本书，短期内的确很难对你产生区别性的影响，除非你面临的人生刻度是考试，否则大脑缺乏相应刺激。我们就很难坚持去读书。也就是说，无论你行动到什么样的程度，你一定要适时给予大脑跟目标相关的刺激，而设立行动的检验点，就是最好方法。

以检验点作为导向，把行动学到的东西，引到这个检验点去，然后验证我们行动取得的阶段性效果，提醒自己目标还在坚持着。

例如现在你打算阅读新买的一本书。单纯的设置阅读时限，好比一个星期读完之类的，对我们并没有多大的刺激作用。一个星期后读不读完，我们的大脑也依然无动于衷。

但是，如果你给自己设立一个检验的点，就是一个星期后，要根据看到的内容，不管是看了一章，还是看了两章，凭借这些内容写成一篇 2000 字的文章。那么这种做法，就能把你阅读到的内容输出成自己的思想。

如果你实在写不出一整篇文章，那就将这个检验点变成问题树。给自己事先设立一系列的问题，诸如"这本书是谁写的""主要讲述的中心思想是什么""书中让你印象最深刻的是哪部分"等等。

根据书的目录，最少设置六七个问题，然后把这张问题单贴在最显眼的地方。一个星期后，看完书后就去回答这些问题。

其他事情也是如此。

譬如你锻炼口才，这个星期你学习了对话的技巧，而设立的检验点就是在每天的日常生活当中，至少运用一个以上的技巧。那么之后你在跟朋友聊天的过程当中，就需要你有意识运用这些技巧，好比学习了赞美，你就在对话当中加插赞美的表达句式，事后把这个情况记录下来。

检验点是对大脑的一种刺激，不管检验后的结果是奖赏还是惩罚，都会让我们产生相应的感受。

比起单纯的做完就算，我们由此获得的进步会更快更多。

三、 不要忽略行动的附带连锁反应

我们设立的目标，同一时间不应该超过三个，否则我们就很难兼顾。

很多朋友担心，自己既没有自信，口才又不好，而且思想又不够深刻，压根不知道怎么做才能把这些问题全部解决，于是只好设定一连串的目标，务求把它们一一解决。

可惜结果是，哪一个都没有被解决。

其实当我们解决一个问题的时候，不要忽略行动附带的连锁反应。也就是说，解决了 A 这个问题，那么与之相关的附带问题 B 和 C 等，都有可能获得解决。

例如，以前因为工作关系，我要学习 PS 这些作图软件。一般人学习这些软件，肯定先从软件的功能操作入手，逐步熟悉每个功能操作的作用。后来公司的设计师告诉我，这种做法是学不到东西的，效率低，而且就算让我记住了软件的每个操作，也很难做出作品。

他说，最好的方法就是做着学。找到一个简单的案例，然后对照教学去操作，直到我们把这个案例做出来为止，再逐步提高案例的难度。那么期间用到的每个功能的操作，我们也会了解其中的作用，记忆也更深刻，还能做出作品。

这种做了 A，从而也能够获得 B 经验的行动，就是附带连锁反应。

好比当你看了一本书，然后设立一个检验点，这个检验点就是把书中的内容复述出来，讲给朋友听。那这个过程，让你在加深学到的知识的同时，也锻炼了你的口才。当你的口才因此获得提高，你的自信心也会慢慢积累起来；有了自信心，你又会培养出足够的勇气去当众演讲；而演讲的内容，又能回到书本当中去获得。

这一连串的反应，叠加到一定程度，困扰你的那些问题，可能就会被不知不觉解决掉了。

所以与其一开始考虑得太多，无从入手，倒不如揪出一个最影响你的核心问题，然后用做着学的方式去解决它。在连锁反应的作用下，其他附带的相关问题，说不定就这样也解决了。

记住这句话：在有限资源的前提下，先做起来，然后一边行动，一边针对问题调整或修正策略，这才是好的方式。

四、 安排特定的行动时间

我在之前的文章中曾经说过，想要摆脱拖延，立刻行动起来，你一定要有个触发机制。当你捕捉到这个触发机制，再结合上文所说的那些因素，然后稍微添加一点自制力，你就能够持续行动起来。

而这个触发机制，最好是安排在某个特定时间里。在这段时间里，你需要排除所有干扰因素，专心致志地沉浸在手头上的目标。

这段目标专属的时间，比方说是一个小时，无论你做了多少事，都没关系，总之给自己预留这样的时间，去培养行动习惯。在这段时间内，除了与目标相关的东西，其他会干扰你注意力的物品，统统都不要摆在你的面前。

当你没有手机玩，没有电脑玩，只是呆呆地坐着没有行动，导致白白浪费了设定的一个小时的时间时，相信你的大脑肯定会产生某些感觉。

内疚也好，感慨也罢，这种感觉就是鞭策你继续行动的触发机制。那么每次你在特定的时间里，坐到毫无干扰的房间里时，你自然而然就知道怎么做了。

好的习惯，就是这样培养起来的。

五、 学会调整平复自己的情绪

人生不如意事常八九，学会调整不如意事给我们带来的情绪，就显得尤为重要。

注意力是学习的核心技能。我们大脑的前额叶，也就是大脑的执行中枢，掌管着我们的注意力。这个执行中枢，在我们平静和专注的情况下，能够达到最高状态，我们学习起来也会更加认真和得心应手。

然而，一旦大脑这个中枢受到情绪的干扰，那它的执行能力就会减弱；如果我们的情绪处于极端烦躁的状态下，它甚至会彻底罢工，无法让我们调动注意力投入到正常的工作之中。

所以学会调整自己的情绪，尤其是负面情绪，会这么重要，就是这个原因。

而调整情绪，冥想就是其中一个非常有用的方法。

冥想可以提高我们的认知控制。所谓认知控制，就是我们能够把注意力放在想要放在的那个地方的能力。一旦注意力没有集中在应该集中的地方，我们就能有意识地将其拉回来，那么我们的认知控制就强，反之，就是弱。

进入冥想的时候，尝试放空自己，什么都不想。当然，你的大脑肯定不会听从这个安排，很快就会胡思乱想。这时，你就要有意识地"提醒"它，让它停下来，继续放空，什么都不想。

就是说，如果你意识到大脑已经偏离轨道，你就要把它拉回来，不断跟它争斗，直到它完全平静下来，什么都不想。

当你闹情绪，或者心情不太平静的时候，尝试通过自己的认知控制去冥想十五分钟，你就能够慢慢调整好自己的情绪，回复到一个相对平和的状态了。

这种练习，既可以平复你的情绪，又可以锻炼你的认知控制。以后当你觉得走神的时候，也就能懂得如何把自己的注意力拉回到手头上的事情上了。

这样的习惯保持下去，持续一段时间，你就得做到既有目标，也知道怎么检验行动的效果了，遇到问题还能够平静下来，调整自己的状态，那么这种不同时期的刻度，叠加起来产生的变化，足以让你变成一个更好的人。

而你需要做的，就是做好准备，迎接另外一种新的生活而已。

做好这六个方面，你才能成为一个厉害的人

怎样成为一个厉害的人？

厉害的人，都有什么特征？

很多人希望自己能够变得更加强大，在人生中获得主控权。然而他们却总是毫无头绪，连一个具体的操作方向都没有。

诚然，想要让自己变得厉害，并非一朝一夕的事，也不是那么容易就能做到的。但是当你有一个具体的前进方向时，至少你会知道，做些什么事才能够让自己更接近这个目标。

以下这六件事，厉害的人多多少少都会具备。

做好它们，说不定你就拥有了变得更为强大的资本。

一、 学会正确地思考

什么样的思考才能称作"正确"？正确的思考，一定能够解决问题。这个问题，不一定是具体的事情，也可以是抽象的概念。

哈佛大学前校长拉里·萨默斯曾说过，一个优秀的哈佛大学生，需要具备的重要素质，除了正直诚信的品格之外，还有就是思路清楚，分析问题时拥有非常清晰的过程。

"思路清楚"，就是正确思考的特点。

现在问你一道问题："为什么手机要设计成长方形，而不是圆形、菱形等其他形状呢？"

你能够非常清晰地给出你的思考过程吗？

想要让自己拥有思路清晰的正确思考，你必须懂得如何假设，如何论证和如何推理等，这些综合起来，就是我们熟知的逻辑思维。而逻辑思维的背后，则要建立在知识的积累上。

也就是说，正确的思考 = 用已有知识提出假设 + 建立有效的论证 + 运用逻辑思维推导。

这个过程，大概可以分为五步：

1. 检验对问题的理解程度，识别哪些部分是已经被理解的，哪些还不被理解；

2. 已有的知识是否足够提出假设，如果不，尽量获取未知部分的知识；

3. 这些假设是否足够构成推理的前提，如若是，运用这些前提进行有效的论证；

4. 通过推理、归纳等形式进行分析，找出前提和结论之间是否具备因果关系；

5. 排除不合理的地方，获得最终答案。

针对上面手机设计那个问题，想要找出答案，按照这个思考过程，我们可以这样分析：

已知的知识，就是手机是长方形，电视机是长方形，电脑屏幕是长方形，甚至书本都是长方形，这些大凡用作显示讯息的物品，都是这样设计的。

而这些已有的知识，已经足够提出假设。

假设，这些物品设计成长方形，都是为了方便人类本身，那手机设计成这样，肯定也是要方便人类。

因为这个世界，有很多东西的设计都是为了方便人类使用。而手机这种设计，方便人类的地方，主要集中在空间占用、方便握持、眼睛的浏览和信息铺排上。

那相比其他设计，同样面积的不同形状，长方形是不是更方便握持和匹配空间，更容易做出符合人类阅读文本习惯的信息铺排呢？再加上制造成本方面的考虑，得出的这些因素，就是通过假设从已有知识得出来的前提。

经过对比分析，逐一排查推理，这些前提和结论之间能够产生因果关系。

换言之，手机之所以设计成长方形，是因为要方便人类握持、摆放和阅读习惯等。你不能说，手机设计成长方形，是为了更好地吸引异性，那这个前提和结论，就没有直接的因果关系了。

你思考得出的结果，不一定要完全符合全部的客观原因。只要没有违反常识，你的结论就是正确的，至少是正确的一部分。

当你的思考拥有一个清晰的过程，你就学会了正确的思考。找到"真理"，也只是迟早的事情而已。

二、 一次只做好一件事

厉害的人都是善于学习的。

做一些自己从未做过的事，会更新大脑的认知，从而让我们获得快速成长。但想要掌握陌生的事，你必须投入足够的精力，一心一意去做。很多人都觉得，自己能够一心多用，像电脑那样，拥有多任务处理的能力。事实呢？

斯坦福大学的一名心理学家针对多任务处理进行了一项实验。

实验人员抽取十九名自认为有多任务处理能力的志愿者，

和二十二名自认为不能进行多任务处理的志愿者，共同测试他们对图形、字母和数字问题的处理能力。

结果显而易见，随着题目难度的上升，平时那些具有多任务处理能力的人，他们的认知能力显著下降。这就是我们常说的做事"三心二意"，无法集中注意力了。于是结果就是什么都做不好。

我们以为自己可以同时处理几件事情，但神经科学的研究表明，当我们感觉自己在同时做两件事的时候，其实只是其中一条神经回路被暂时中断，而打开了另一条神经回路，让我们产生了错觉而已。

提高工作效率，不是要你一心多用，而是把眼前这件事，用更好的技巧做好。

所以，开车的时候就不要玩手机，看书的时候就不要同时看电视。当你男朋友在忙的时候，也不要抱怨为什么他不理你，因为他真的理不了你。

而影响我们集中注意力的因素，大概有四种：

1. 焦虑程度，越焦虑越难以集中注意力；

2. 警觉水平，对事情越警觉越能集中注意力；

3. 任务难度，难度越低越容易集中注意力；

4. 技能熟练度，技能越熟练越容易集中注意力。

根据这四个因素，有意识地调整自己的状态，然后每次集中注意力只做一件事情，你的能力才会更快获得提升。

三、 知道如何独自解决问题

想让自己变得厉害，你必须敢于直面问题，然后懂得解决问题。如果你无法解决任何问题，你说你是一个厉害的人，谁都不会相信。

所以当你遇到问题的时候，不要急着逃避，先想一想，有什么办法可以让你更好地解决它。解决问题的方式有很多种，与人协作，咨询专家，或者独自面对。但是，前两个选择，一般是别无他法的情况下才考虑的。

在运用这两个选择之前，你最好先独自尝试一下解决问题。我们怎么解决问题，取决于我们怎么理解问题。也就是说，我们先要理解问题，才有可能把它解决。

一般来说，解决问题有五个步骤：

1. 识别问题内容的理解度；
2. 找出解决问题的关键点；
3. 建立解决问题的策略；
4. 监控进度，调整策略；
5. 评价策略取得的效果。

例如你是一个缺乏自信的人，那你怎么解决这个问题呢？

首先，你要找出自己不自信的原因，理解问题的内容。是家人的打压让你没自信，还是能力不足让你没自信呢？当你理解自己的问题所在之后，你就要找出这个问题的关键点。如果是家人打压，你就要认识到，这些打压如何影响到你，你是否认同这些打压；如果不认同，你该怎么建立正确的自我认知？如果因为能力不足让你没自信，那你应该培养哪方面的能力，解决哪方面的问题？

有了这些分析，你就可以建立解决问题的策略。想一想，应该做些什么才能够培养出这些能力呢？是寻找相应的书籍自学，还是去机构参加培训呢？

最后在解决这些问题的过程当中，你一直要时时刻刻监控问题的解决进度。一旦出现阻碍，就要懂得调整策略。这个方法不行，那就换另一个方法。

当你觉得自己因此而脱胎换骨了，你就评价一下，你的问题到底解决了多少，还有多少可以进步的空间，这样才能够持续进步。

在解决问题的过程中，你需要用到前文提到的正确思考能力和专注力。研究表明，当一个人能够投入更多的心理资源，例如注意力、精力、时间等，放在步骤1、2的思考上面时，比起一开始就胡乱使用策略行动的人，能更好地解决问题。

毕竟厉害的人，不一定比别人聪明，却会更懂得怎么把事情做好。

如果你能够独自处理问题，你获得的进步就会更大。但如果你真的迫不得已，需要请教他人，那么事情解决后，想让自己变得更强大，你一定要具备下面将要说到的这种能力。

四、 对事情的复盘能力

复盘能力，对于我们能否成为一个厉害的人，起到至关重要的作用。

复盘本来是围棋术语。棋手在每次博弈后，双方会在棋盘上把刚才的对局重新演绎一次，汲取经验教训，看看哪些地方还有可以进步的空间。应用到其他事情上，这种复盘能力，就是我们做了一件事后，在重新回顾这件事的过程当中，进一步梳理和挖掘可以思考提高的地方，然后以此获得进步。

经研究，我们每个人获得的进步，从外部的学习当中，得到的有效性，占据的比率比较小，但从个人实践和总结中所得到的学习有效性，占据的比率却很高。也就是说，在外部理论的指导下，个人的实践以及实践过后的复盘锻炼，才能让我们的能力得到跃升。

那怎么运用这种复盘能力呢？

1. 从已有事情当中，找出核心关键问题；

2. 用正确的方式，取代不正确的方式，改进行动；

3. 重复行动，直至把正确的方式强化为自身能力。

例如，你今天面试回来，结果没有被录取。这是已有的事实。然后你从这次面试当中，找出哪些是不定的地方。而这些地方，是否是影响你面试的核心关键问题。好比你向 HR 讲述自己擅长的能力时，并没有做到清晰、有条理的表达。

接着，你私底下再次演绎这次面试，用正确的清晰、有条理的方式组织语言去表达，改进这个能力。如果你不懂什么才是正确的方式，就主动去学习。

最后，把学习得到的正确方式，不断重复应用在复盘的模拟演绎当中，从生疏到熟练，从毫无头绪到观点清晰。

当你能够通过这样一种方式去复盘事情时，无论你做什么事情，你的能力都能够获得显著提高了。

五、 敢于应对冲突

厉害的人从来都不会逃避冲突，相反，他们敢于应对冲突，懂得处理冲突。

心理学对冲突的定义，就是当个体的动机、目标、信念、观点或者行为妨碍到别人时，就会发生人际冲突。冲突产生于差异。如何解决这种差异，就是处理冲突的重要能力。

冲突的结果有积极和消极两种。

例如某些偶像剧当中，男女主角彼此看不顺眼，每一次见面不是你骂我，就是我骂你。后来因为偶尔的一次事件，发现了对方的优点，于是之前积累的冲突，就转化为更为深厚的情感。

这也表明，适当的冲突，比起平淡如水的相处，更能调动彼此的情绪反应，加深彼此的感情。有时候"坏男人"之所以比木讷的男生更受女生欢迎，就是因为他们懂得如何制造情感冲突，激起女生的各种情绪。

但是，大部分冲突都会产生消极的影响，怎么处理这些冲突，能显示一个人的能力。

而处理冲突，一般有五种方式：

1. 回避。

回避不是逃避，只是暂时冷处理，避免将冲突进一步激化而已。当你觉得持续的争吵无法解决问题时，适当的冷处理，说不定会让事情得到很好的解决。

2. 迁就。

把自己的需求放在一边，先满足对方的需求，以此来维持双方的和谐关系。适当的谦让，可以减少大部分的冲突。

3. 强迫。

用强硬的态度迫使对方让步，你可以通过自己的外部条件，诸如身体素质、社会地位、金钱效应来影响对方，达到不战而屈人之兵的效果。但是，如果对方的优势比你大，你的强硬可能会得到相反的效果。

4. 妥协。

双方各让一步，各自牺牲自己的一部分利益，达到解决问题的目的。

5. 协同。

彼此通过商量谈判，找出双赢的方案，让双方都能够获得最大的利益。

这五个方法，就是处理冲突的常用方式。

当你遇到冲突的时候，衡量一下当下的情况，可以选用哪种方法更好，你就能够最大限度地化解冲突了。

当然，要做到这些，少不了最重要的那一个能力，就是执行力。

六、 执行力

俗话说，空谈误国，实业兴邦。你缺乏执行力，就算学会所有方法，也不会让你变得更加厉害。那怎么提高自己的执行力呢？

这并没有具体的方法，而跟你的思想和态度有关。只要你能够调整自己的思想，保持积极的态度，你就有可能提升自己的执行力。

想太多没用，先行动起来再说。如果在你还没行动之前，就缺乏信心，思想消极，那再有用的方法你也运用不出来。相反，在这个行动的过程当中，你会积累到很多经验和体会，这些东西能让你的心理素质慢慢强大起来。而心理素质，是决定一个人是否真正强大的重要特质。

当然，心急吃不了热豆腐，做事情应循序渐进，从小事慢慢练起，才能最终一步一步提高自己的执行力。

有了执行力，那剩下的，就只有坚持了。坚持不了，那你也厉害不了。

第四部分

人际交往与沟通

怎么处理好不同情况下的人际关系?

如何处理好人际关系,是我们生活当中不可回避的课题之一。怎么正确地处理好它,对于提升我们自身的幸福感,起到至关重要的作用。

我们总会和人接触,而用正确的方式跟周围的人处好关系,你生活上的烦恼至少会减少三分之一。(另外三分之二就是人生的自我实现和遭遇到的天灾人祸。)

而与我们相关的人际关系,一般分布在三种情景下:

1. 萍水相逢的陌生关系;

2. 一对一的互动式关系;

3. 身处群体中的角色关系。

这三种与人相处的情景,基本上涵盖了我们日常生活当中的大部分时刻。我们每个人都可以根据当下的情景,选取适合而正确的交往方式,来完成一次次的社交任务。

面对这三种情景,并不是每个人都懂得应该怎么做,才能够正确处理自己与他人的关系。每一种情景的处理方法都各不相同。接下来,我会围绕这三种情景,逐一讲述当中需要注意的事项和处理人际关系的技巧。

不过,无论是哪一种情景,想要处理好遇到的人际关系,一些与我们自身相关的基本特质,你一定不能缺少。

一、 影响社交好坏的基本特质

能够对我们的人际关系产生不同程度影响的特质，大概有五种。

如果任意一种特质无法正常发挥出应有的效用，我们就很难在各种社交关系当中做到如鱼得水、进退自如。

当然，除非是极具人生经验和智慧的社交高手，否则我们作为普通人，很难做到十全十美。只要我们尽量提高自己每一种特质的能力阈值，让其发挥出最大的效用，我们就能够更好更正确地处理人际关系了。

这五种特质分别是什么呢？

1. 健康的心态。

想要获得良好的人际关系，健康的心态必不可少。

不良的心态分别是社交焦虑、个性羞怯和自卑思想等。通常拥有这些不良心态的人，与别人打交道的时候，会消极地认为自己无法胜任当前的社交行为，觉得自己没用，然后不由自主地感到紧张和害怕。

他们会过分关注自己的行为，认为自己很容易暴露出自身的缺点，导致别人生厌，于是表现得战战兢兢、闪闪烁烁；眼睛不是不敢直视别人，就是说话无法自如表达。

另外，过度暴露自身需求感的心态，诸如不恰当的热情（我喜欢到想立刻娶你回家），不看对象的消极（动不动就传播负能量），也很容易带给别人不安全感，更不用说心术不正的人了。

相反，健康心态的人与别人接触时往往表现得自信大方、轻松得体、坦然自在，从来不会过分关注自己，更不会过分渴望从对方身上得到什么好处，云淡风轻，做好自己应有的本分，却更容易自然而然地跟别人建立良好的共情关系。

2. 沟通的能力。

人际关系离不开口头交流。你能够说好话，甚至好说话，这对于处理好人际关系会起到相当大的辅助作用。

所谓的好口才，并不是说你能够口吐莲花、口若悬河地跟别人高谈阔论一番，发表自己深邃的见解，尽管有时这种能力的确会让别人对你刮目相看。

好的口才是能够让你在与人交往的过程当中，很好地抓住相应的时机，说出应该说的话，表达出要表达的想法，开出要开的玩笑。好比别人用恭维的方式，开玩笑跟你说一句"这么久没见，挣得可多了"。面对这句话，你是能够抓住这个时机，顺着这个话头很好地回应对方，还是强颜欢笑地尴尬搪塞过去？

这种考验你说话能力的时刻，你说得好，那你的人际关系处理起来就会游刃有余；你说得不好，那你的人际关系就很难朝着自己想要的方向发展了。

3. 知道相应的礼仪。

与人交往，最忌讳的就是抱着一种"我的地盘我做主"的思想与人接触。

这样的人，不看对象、不看场合、不看情况就不加修饰地表露自己"最真实"的一面。诸如在正式严肃的公共场合大声喧哗，跟心仪的女生吃饭跷二郎腿抽烟等，都是属于这种太自我的行为。

如果你没有按照那些地方的行为准则去表现自己，忽略相关的礼仪，这不仅仅是低素质的表现，还会让人觉得你不可深交。私底下你怎么做都没关系，但到了公共场合，一些基本的礼仪准则，你最好去遵守。

只有当你知道怎么做才是符合礼仪要求，那你也就会知道，怎么做才不会破坏这些礼仪要求。这时，你就可以有的放矢地去做自己想做的事，说自己想说的话，而不会生怕做错什么事似的，表现得战战兢兢了。

一旦你能够做到这样子，那在这个范围内，你就不会轻易出错了，为什么还要拘谨呢？

4. 自身具备某种价值。

人际交往是一种价值对等的交换行为。如果你自身无法给别人提供任何价值，包括情感价值和物质价值，那么你就很难跟别人建立良好的人际关系。

臭味相投，指的就是彼此喜好一样，能够彼此分享相同而有趣的情感价值；合作伙伴，指的就是大家站在同一战线，为了某个共同目标而去发挥自己的价值。

我们普通人就算心态再健康，口才能力再好，素质再高，也不可能跟马云成为朋友，因为我们跟他的价值不对等。我们的价值层次，决定了我们能跟什么样的人接触。

为什么说圈子不同，不要强行融入？因为如果你无法给那个圈子带来相应的价值，你强行融入，到头来也只会成为可有可无的角色——除非，你懂得从中慢慢建立起自己的价值。

不要奢望任何一个人或者任何一个圈子，都是慈善机构。你要成为捐款的那个人，而不是被捐款的那个人。

暂时做不了？将勤补拙吧，勤奋表现出来的干劲，就是一种价值。

5. 对人性有基本的了解。

想象一个场景。

深夜十二点，你在朋友家看世界杯，看得非常尽兴。而朋友的妻子在十二点之前就已经回到房间里，迟迟没有出来。但朋友为了陪你看球，一直在大厅里招待你。

这时你有两个选择，继续跟朋友看完下一场比赛，或者立刻离开，不打扰朋友跟他妻子的休息。你会怎么做？

不管朋友愿不愿意继续跟你看球，但房子的其中一个主人并没有参与其中，就算你不肯定女主人是否不满，基于我上面说的第三点，顾及到人际交往的礼节，你也应该立刻道别离开。

对人性有了解，最大的作用就是懂得怎么"为别人着想"。

开过车的人都知道，最讨厌的就是那种不打灯就胡乱加塞变道的人。变道打转向灯，是为了告诉别人我们接下来要做什么，让别人提前做好相应的准备。这是为别人着想的一个表现。用在人际关系上，这种做法也是大同小异。

所以，只有对人性有一个基本的了解，你才知道做什么事会触怒对方；做什么事才能够在与人相处时保护好自己；在什么情况下开玩笑会让别人感到尴尬，在哪些情况下，开开玩笑可以调节气氛。

这些人际交往技巧，不仅要从宏观的整体人性出发了解，还要懂得从微观的每个个体入手分析，学会区别对待。

如果你对"人之常情"都不了解，你学习再多的社交技巧也不会有什么用。

这五点，就是处理人际关系前的自我能力建设。看一看自己到底在哪方面还有所欠缺，然后努力去完善它们。任意一项特质的提高，对你的人际关系都会有显著的帮助。

二、 如何处理萍水相逢的陌生关系

在我的定义当中，所谓"萍水相逢的陌生关系"，指的就是诸如外卖员、快递员或者一些经常跟我们接触，却对我们毫不了解的人。

对于这种关系，我们也无法投入太多的时间，一切顺其自然就行了。见到面就打打招呼，或者停下来寒暄一两句，基本上已经满足到彼此的交往需求。

我家附近有一个快递小哥，由于以前经常给我送快递而彼此熟络起来，但也仅限于此。偶尔在街上碰到，就聊聊他送快递的事，说完又各自忙去了。这种关系不用刻意维持，当然最好也不要摆臭脸那样去对待别人。

除非对方恶意去得罪你，否则友善，还是处理这种关系的最好选择。

三、 如何处理一对一的互动式关系

一对一的互动式关系，应该是我们日常生活当中，最常见的一种人际交往情境。

由陌生到认识，从疏远到亲密，往往需要在一对一这个互动过程当中，获取彼此信息，递增积累情感，才能把关系稳固下来。其中，你需要经历和面对很多复杂的问题，才能够对彼此的关系有正确的认识。

这个互动，包含了聊天交流，接触见面，甚至相处期间情感和利益的适当付出、牺牲的行为。例如主动请对方吃饭，偶尔问候一下对方的近况，间或大家约出来一起聚会玩耍，或者两人一同参与某些活动等，都能够增进彼此的关系。

这也是为什么进入社会后，很难结交朋友的原因。通常大家都是通过某种活动而结识，然后在自然而然的情况下，随着时日而慢慢加深感情的。

只要你秉持着真诚待人的原则，结合我上面所说的五种特质，用顺其自然的方式跟别人交往，这样人际关系就可以处理得很好了，毕竟那些对你不好的人，你也不会跟他接触。

除此之外，你不要做人际关系上的老好人。在这种一对一式的互动关系当中，如果你一直做老好人，什么都是由自己去付出，别人就很难珍惜这段关系，你必须要让对方也有所投入才行。你请吃饭，就放心让对方请喝饮料。

哪一个花瓶你最喜欢？当然是你花钱买回来的那个！很多人之所以无法抽离一段关系，就是因为自己经常做好人，为了这段关系投入了太多情感，放弃会觉得可惜。

一旦你发现对方不愿意为彼此的关系投入任何东西，你就要立刻抽离出来，停止付出。你已经做了自己应该做的事了，不要继续深陷下去，否则只会让自己感到辛苦。

四、 如何处理身处群体中的角色关系

在一个圈子或者群体里面，如何处理好当中的各种人际关系，应该是大部分人都需要面对的难题。

正如我前面所说，想要进入一个圈子，首先你必须具备一定的自身价值；如果没有，至少你要表现出勤奋好学的干劲。

扮演好自己的工作角色，勤奋做好自己的本分工作很重要，但其他事也需要注意。例如不要越权，不要抢功劳，同时也不要忽略身边的人。适当的时候，要跟大家建立共情关系，不要躲在自己一个人的小圈子里。否则，别人不了解你，很容易给你"打小报告"。

我做第一份兼职工作时，在公司从来不跟别人聊天，只默默地做自己的事情。后来有一天我喝水喝多了，每隔半个小时就上一次厕所，由于洗手间在公司外的商场里面，来回很花时间，于是就有同事给主管打报告说我不知道跑哪里去偷懒了，无论我做什么事都不受待见，最后只好被迫辞职了。

有过这次经验教训，后来的一份工作，我主动跟每一个同事热情打招呼、问好，跟大家建立好共情关系，有了了解，结果有一次我做错事，大家不但没有责怪我，反而纷纷帮我修补。所以，默默做事的同时，也不要忽略身边的人际关系。

然后，还要避免私底下拉帮结派。无论面对面如何因为工作关系而"敌对"，私底下也不要过多议论他人的不是，不要

随便说他人一句是非。否则，这些话很容易会传到他人的耳中，加重彼此不好的关系。

而且，要尽量远离小人。如果你知道对方不可信赖，或者对方是那种喜欢搬弄是非的人，就不要接触；就算接触，也仅限于工作范围内；做完后，就各行其道。如果对方真的得罪了你，向对方摊牌说明白；说不了，就交给上头处理；上头都不处理，只能换个地方了。

除此之外，要敢于表达自己的感受。人际交往最忌讳的就是你什么都不说，开心不表现出来，不开心也不表达出来，别人就很难知道你的想法。久而久之，大家不是忽略你，就是觉得你没有受到任何伤害，变本加厉，到时委屈的只是你自己而已。

当然，任何时候都要守住自己的社交界线。应该自己处理的事，就自己处理，不要麻烦别人。不应该自己做的事，也不要好为人师去指指点点。既做好界内的事情，也不过分越界带给别人烦扰，对大家都有好处。

最后，不要强求任何关系都能够按照自己设想的方向发展。做好自己应该做的事后，别人依然没有对你改观，那你先检讨一下自己，确定自己的做法没有任何问题，就不要耿耿于怀了。世界这么大，你不喜欢我，还有其他人会珍惜我！

学会坦然面对人来人往。

掌握心理边界，才能减少人际交往的烦恼

人际关系是我们每个人都需要面对的重要课题。在生活当中，你有没有遇到过以下这些人际关系烦恼呢？

总是担心拒绝会惹别人生气，只得做老好人帮对方做这做那；

明明掏心掏肺地去对别人好，得到的却总是无尽的困扰；

喜欢指点他人，不是觉得对方应该这样做，就是应该那样做；

很容易被别人的言行，尤其是别人对自己的看法影响到自己的情绪。

当你被各种人际关系弄得焦头烂额时，你有没有想过，所有这些问题都源自哪里呢？你又要怎么做，才能够处理好它们呢？

心理学研究表明，百分之九十的人际关系问题，都是由个体心理边界不清导致的。而这个"心理边界"，决定了你对自己与他人互动距离的分寸掌握。你不但要清楚知道自己的心理边界，同时也要摸清楚别人的心理边界。只要这样，你才能够和他人构建良好的人际关系。

正如美国著名心理学家、《情商》的作者丹尼尔·戈尔曼所说的那样："你让人舒服的程度，决定着你所能抵达的高度。"

想要处理好你的人际关系，你必须学会划分和掌握心理边界。

一、 初始社交距离

我们与他人相处，有两种虚体距离决定了我们在社交当中所获得的心理感受。

第一种是空间距离。

美国人类学家爱德华·霍尔博士将我们每个人的空间距离，划分为四种区域：

1. 亲密距离；

2. 个体距离；

3. 社会距离；

4. 公众距离。

我们会根据自己对他人的接纳程度而采取相应的社交距离。跟自己的爱人在一起，我们会采取亲密距离相处；跟朋友相处，会采取个体距离；而在社交场合，就会采取社会距离，甚至是公众距离。

坐电梯的时候，一群人挤在一个狭小的空间里，我们之所以会感到不舒服，就是因为这种属于社会距离的接触，硬生生变成了亲密距离。在我们心里，无法接受他人擅自闯进我们所属的空间范围内，其情形就好像我们的房子遭到入侵一样。

当你还不是对方的男女朋友时，如果你对这种空间距离的认识不够，贸然跟对方靠得太近，又毛手毛脚的，那么就会惹起对方的反感和厌恶。

但是,这种空间距离的边界,只要我们稍微注意一下,就能够掌握进退的分寸。而另一种心理距离则伴随着空间距离而出现,就算是相熟的朋友,也很难确切掌握。

这就是心理边界。

二、 什么是心理边界

很多人际关系的问题,往往是由于我们对心理边界的认知不清晰而导致的。

所谓"心理边界",其实就是个体对于"我""你""他"这些概念的了解。这个自我概念,包含了自身的权利、自身的空间、自身的喜好,还有自身的思想和观念等,一系列由个体创造和建立的综合自我认知构成。

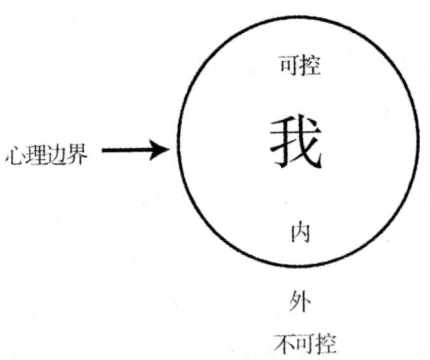

图15 自我心理边界

通过这个边界，你知道哪些事情是被你允许的，哪些东西是你喜欢的，哪些行为对你来说是安全的，哪些情况是你觉得不合理的。

由此，这个边界就会被分为两部分：

第一，边界内的事，能够由我掌控，属于自我的心理边界。

第二，边界外的事，无法被我掌控，属于他人的心理边界。

一旦你把属于边界外的事情，当成是边界内的那样处理，这就越界了。很多人际关系上的问题，就是因此而发生的。

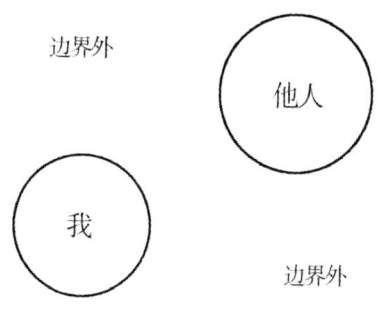

图16　边界范围

例如你身材瘦小，你不满意，无论你对自己的身材怎么指指点点，这也是属于你边界内的事情。然而，假如现在是别人身材瘦小，你不满意，那么当你对对方的身材指指点点的时候，很明显，你就越界了。因为别人的身材，并不是你的自我概念的一部分，你控制不了。把注意力过分地投放在对方这个点上面，你很可能就会伤害到别人的心灵，如同入侵他人房子一样。

如果你真的受不了别人的外表，你可以选择远离；远离不了，你可以选择控制自己的言行或心理感受，这些是属于你边界内的可控事情。

改变可以改变的事情，接纳无法改变的事情，这就是心理边界的核心观点。了解这一点，你就会明白，很多人有人际关系上的问题，就是因为他们对心理边界的认识不够清晰。不是无法守住自己的心理边界被别人侵入，就是擅自越权，侵占他人的心理边界。对于自我和他人之间的界限，处于一种模糊的状态。

三、 你的心理边界为什么模糊

想建立清晰的心理边界，你必须分清楚哪些是自己负责的事，哪些是他人负责的事。

若你无法把你与他人的心理边界清晰区分出来，边界焦点一直处在模糊的状态，这就很容易影响到你的人际关系。

怎么区分？看你的心理边界和他人的心理边界有多少重叠的部分。

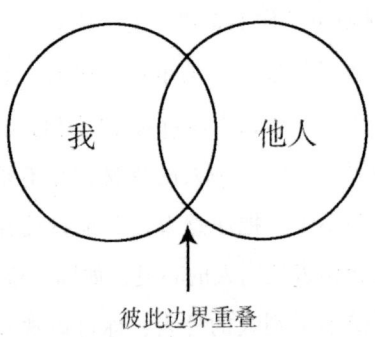

彼此边界重叠

图17 边界重叠范围

这个重叠，指的就是你允许自己拿出多少心理边界，给别人进入，又把多少别人的心理边界，当成是自己的心理边界。

重叠的部分越多，对自己和他人的影响就越大。

例如思想独立的人，他的心理边界跟别人重叠的部分是很少的。我伤心，我自己能处理；我做事，不需要去麻烦别人。

而依赖性强的人，他的心理边界跟别人重叠的部分就多很多了。我伤心，希望别人过来安慰我；我做事，也想经常去麻烦别人。

也就是说，心理边界清晰的人，由于其边界跟别人重叠的部分比较少，所以他们能够独立自主，懂得跟别人保持恰当的距离，不会过分烦扰别人，也不会孤傲到经常忽略别人。

但心理边界模糊的人，由于他们的边界跟别人重叠的部分比较多，不是把自己的事当成是别人的事，就是把别人的事当成是自己的事。

明明是自己失恋了，也希望别人会好像自己失恋那样去安慰他；假如对方没有，他就觉得自己被抛弃、冷落。一言一行，很容易受到别人的影响。

心理边界模糊，有好几种基本的表现形式，如：

1. 控制。

希望别人在自己的要求下，能够按照自己的想法去做。

2. 干涉。

瞎操心不属于自己个人的事情，用超过需要付出的程度关注别人。

3. 预期。

把自己的心情，建立在他人的行为是否符合自己的心理预期之上。

4. 暴力。

试图用强硬的手段剥夺对方的个体价值，以此达到某种目的。

这些表现形式，在我们日常生活当中，通常都会以隐蔽的方式呈现出来。

例如你找心仪对象聊天，发了一条信息后，对方一直没有回复你，然后你感到很失落。

这很正常。因为对方并没有满足你的心理预期。也许对方对你一点好感也没有，也许对方还在忙着。但如果你觉得对方怎么这么没礼貌，然后越想越不开心，越想越生气，那就说明你的边界模糊了。

你把边界以外不可控的事情，当成是边界以内可控的事情，想去控制结果；一旦控制不了，就开始闹情绪。问题就出在这里：尽管你的所有情绪反应是因对方而生，但它们并不属于对方心理边界范围内应该要控制的事。

换言之，对方并没有义务让你感到高兴，更不会去想她的不回应，是不是会带给你不开心。

你要区分好，什么是你的事，什么是她的事。

你的事是找她聊天和等待回复，还有调整好自己的心情；而她的事，则是决定要不要回复你和什么时候回复你。至于说她的回复能不能让你感到开心，那不是她的责任。

如果你因为对方不回复你的信息而心生怨气，责骂对方薄情寡义，那你就侵犯了对方的心理边界。

也许你会说：回复别人信息是一种礼貌啊！

没错。问题是，对于你，对方觉得没必要行使这种礼貌，你又能怎么样呢？这是她的权利，这种做法也没有主动侵犯你的心理边界。

相反，你去责骂对方薄情寡义，伤害到对方，就是主动侵犯到对方的心理边界了。记住，在这件事上，对方的心理边界，跟你只有很小的重叠。她不是你的女朋友，不是你的家人。

相反，你却把自己心理边界的很多部分，跟对方的重叠起来了，边界模糊，让她对你造成了影响；去责骂她，又会对她造成影响。

那怎么办？

答案是，管好你心理边界内的事情就行。

四、 学会控制好自己边界内的事

有时候，别人理你，很正常；别人不理你，也很正常。

无论别人无视你也好，责骂你也好，还是针对你也罢，当你遇到这些人际关系上的问题时，你要问一问自己：在这件事上，哪些部分是可以由你自己去控制的呢？

如同上面那个例子，你发出的信息，得不到女生的回复，如果你因此不开心，可以找朋友诉苦、抱怨，调整自己的心情；或者尝试用其他更好的方式，去找对方聊天；甚至从现实生活的互动当中，提高你在对方心里的接受程度，循序渐进地扩宽对方对你的心理边界等等。

这些都是你可控制的事情，是你边界内的事。至于对方愿不愿意回复你，想不想搭理你，那是她的事，不是你能够控制和强迫的事。你的心理预期，并不是对方必须要遵守的行为准则，否则就犯下把对方的心理边界，当成是自己的心理边界的错误。

很多男生在追求女生的时候，对女生死缠烂打，从而带给对方很大的困扰，其实这是一种越界的控制心理。就是希望通过自我感动式的付出，来换取对方的好感，这就是属于边界模糊的行为了。正确的做法，就是先做好自己能够控制的事情，其他的再视情况而定。

如果你已经做好自己的本分，表现出应该有的礼貌和行为，对方的态度依然还是这么高傲和冷漠，那就不是你的问题，而是对方的问题了。这时你可控的做法，就是不要过于介怀，或者选择离开这种人，去认识一个更好的愿意搭理你的异性对象等。

建构一个良好的人际关系，除了自己的努力，还需要别人的配合。

然而，自己的努力是可以控制的，而别人的配合，则是你心理边界以外的事情，你无权规管。

那要怎么做，才能把自己可控范围内的事做得更好呢？

五、 提高对心理边界的调控能力

由于每个人的成长环境和教育方式存在着很大的差异，于是造就了不同的人会有不同的心理边界。

你能够接受的事情，对其他人也许就是心理阴影，这是你无法掌控的区域。别人不喜欢吃辣椒，你就没必要强行要求对方去吃了，否则就是越界。

所以与人打交道的时候，想要协调好彼此的差异，你必须要懂得根据对方的心理边界，采取相应的相处方式。

尊重对方的心理边界，不随便侵占别人；守护好自己的心理边界，不随便被人践踏。这就是对心理边界的调控能力。

设想有以下四种层次的寒暄方式：

第一层：你好，近来怎么样了？我们可以出来见个面吗？

第二层：哇，近来去哪里混了？没事就出来见个面吧！

第三层：在干吗？我想跟你见个面，赶快出来！

第四层：我想你了，出来见个面吧，好让我亲亲你。

当然还有第五层、第六层等等。

你会发现，每一层的话所表达出来的意思差不多，但是它们显示出来的关系，随着层级的提高而加深。

你会根据和对方关系的亲疏远近而选取不同的表达方式，这是由你们的心理边界所决定的。

你的心理边界决定了你会对别人释放出什么样的言行信号。别人对你，也是如此。

如果说，上文中四种层次的表达方式，有些人、有些情况、有些场合，可以接受第四层的言行，而有些人、有些情况、有些场合，则可能最大限度只能接受得了第一层的言行。

那么问题就来了。

当你面对一个只能接受第一层言行的人或情况或场合时，你却说了一些第四层的言语或玩笑，那你自然而然就越界了，影响到自身的形象和彼此的关系。

反过来，当你面对一个需要你发出第三层言行的人或情况或场合时，你却只说了一些第一层的言行，那么你也就无法给他人留下一个良好的印象，提升其中的人际关系。

这个情况，在处理各种人际关系问题的时候，很有参考价值。

当有些人侵占了你的心理边界，你觉得不爽，或许你用第一层的言行去提醒对方，就能够解决这个问题，没必要用第五层第六层的骂人方式。或者你需要用第五层第六层的，才能让对方受到教训，但你用了第一层的方式客客气气那样，别人就不会太在意。

同样，当对方明明现在只能接受你用第一层的付出交朋友，你却用了第四层的付出去跟别人交往，超出了别人的心理边界，那别人肯定会感到很大压力。而该你用心付出的时候，你却用了第一层的态度不紧不慢，也会错过发展关系的机会。

不是你的事情，别人一再烦扰你，该拒绝就拒绝，守护好自己的心理边界。别人不开心，那是他们自己的事。而对于别人的私事，该闭嘴就立刻闭嘴，要尊重别人的心理边界，不要随便对别人闲言闲语，这不关你的事。

所以，因时因地因人，根据彼此的空间距离和心理边界的变化，表现出相应的言行举止，才能够把握好你与他人之间的界限，有的放矢地展现出最好的那个自己。

下面是一些基本能力，你必须要具备：

1. 礼仪涵养。

根据双方心理边界的层次而表现出相应的行为举止。

2. 口才表达。

你的说话能力，必须能够匹配到你和谈话对象的当下状态。

3. 察言观色。

懂得从对方的言行举止当中，获得自己言行举止的反馈。

4. 推己及人。

学会站在对方的角度思考问题，了解对方的大概需求。

想要处理好你的人际关系，你的所有行为必须要以此为基础。

而所谓情商高，不外如是也。

四条法则，让你懂得应对复杂的人际关系

人性很复杂。

在这个世界上，与我们接触的人，往往不是那种大慈大悲或者大奸大恶的人，而是处于两者之间，是那种"没那么好又没那么坏"的人。对于大慈大悲和大奸大恶这两种人，我们很轻易就能够想出一些应对策略：前者感恩，后者远离。只要发现他们是这样的人，我们自然懂得怎么做。

然而，当我们去面对那种属于"没那么好又没那么坏"的人的时候，人际关系的复杂性就体现出来了。因为我们无法得知他们背后是大慈大悲，还是大奸大恶，我们只能花费时间跟他们相处，才能知道他们的真正为人。

而就在这个过程当中，很多时候我们的相处行为，就决定了我们的关系走向。

　　记得前两年我去武汉出差，一出机场我就立刻乘坐出租车前往工作的会场。不知道是不是觉得我是外地人的关系，当时出租车师傅直接跟我说，去那里大概要八十元，不打表。

　　虽然我觉得有点贵，不过人生地不熟，又赶时间，就觉得无所谓了。

　　由于我第一次到武汉，对这座城市充满好奇，所以在前往会场的路上，我就跟师傅说起话来，聊一聊这座城市有哪些好吃好玩的地方，其间难免定会聊到武汉大学。

　　然后我就问师傅，他的子女是不是也考上这所大学。没想到师傅就跟我抱怨说，他儿子哪有这么厉害，让他留在本地上学，他就是不听，非得要出省念书不可；一年才回来几次，电话又没几个云云，很是不满。

　　听到师傅这么说，我只好安慰他说："现在的年轻人啊，都喜欢出去闯，很少待在家乡发展了。他们很难体会到做父母的苦心，也很难明白你们是多么牵挂和担心他们。好像师傅你这么大年纪，还要这么辛苦出来开出租车拉客，也是想子女的生活过得好一点，不是吗？"

　　师傅很感慨地说："对啊，现在的年轻人都是只顾自己了。"

　　我和师傅一路上聊了很多，一直聊到目的地。临走下车之际，我就随口问一句"要八十元对吧"，然后掏钱出来给师傅。没想到师傅跟我说："六十可以了，给六十就可以。"我问他为什么？师傅说我第一次来武汉，就当是给我个优惠啦。

连声道谢后，我就上去会场，很开心跟同事分享这次经历，同事却吃惊地看着我说："从机场过来，坐车打表也就五十元左右。你被坑了还这么高兴？"

但是我的关注点并没有放在车费上，而是放在出租车师傅行为的转变上。

一开始师傅看到我是外地人，就打算收我八十元。后来我和他聊天，我"不小心"关心了一下他的生活，彼此之间有了情感的联结，于是他最终只坑了我十元——说不定不是坑，只是凭经验算出来的车费而已。

师傅是"坏人"吗？如果是，他后来就不会少坑我的钱。那他是"好人"吗？如果是，他一开始也就不会想着坑我钱。

在我们的生活周遭，就是充斥着这种"没那么好又没那么坏"的人。有时候觉得跟他们很容易相处，有时候却觉得跟他们之间还存在着隔阂；有时候他们对你很好，可有时候他们对你却像是换了一种态度似的，导致你无所适从，不知道应该怎么跟他们相处。

这样的人，任何人都有可能是，包括你、我、他。人就是这么一种复杂的生物。

当有文章或者有书籍教导你，怎么跟这么复杂的人性打交道时，你不要以为找到了人际关系的终极相处法则。即便你完全做到这些法则，你依然还是会碰到人际关系上的困扰。因为没有一个法则，可以一次性应对生活当中的全部情况。

而这些情况，正跟我们变幻莫测的人性息息相关。

一、 什么是人性

阐述什么是人性，一篇文章根本说不清楚，也说不完。因为这需要从人类的基因和千万年来的进化演变说起。

但如果把人性的特质缩小到人际关系这个范围内，那么就简单多了。

人性的本质是利己，这一点无论是心理学家还是经济学家，都已经有了相关理论的印证。

《自私的基因》一书的作者理查德·道金斯说过：人类进化到现在，所有的进化行为都是基于"自私"之上。

当然，这个"自私"，是广义的自私。

例如你饿了，自然想满足自己的食欲；你累了，自然就想睡一个好觉；你有钱了，当然是想给自己一个好生活。自己的需求属于优先级，所以我们的行为，往往是以满足自己的需求为首要任务，然后才去满足别人。

值得注意的是，利己行为并不等同自私行为。我有十块钱，我买东西给自己吃，不给你买，这是利己，因为你可以自己买；但我把原本留给你的包子，全都拿给自己吃，让你没得买也没得吃，这才是自私。

换言之，自私是属于一种利己的行为；而利己的行为，却不一定是属于自私。只要不损害他人，我怎么利己都行。这个界线一定要区分清楚，这对于我们人际交往很重要。

在利己的基础上，那人与人的交往，不外乎两个原因：

1. 物质上的满足；

2. 情感上的满足。

这两种普遍的利己行为，都关乎我们的切身利益。没有这两种需求做"基站"，很多人只要心生不爽，看到你就会直接开骂；有了后，就需要遵守一定的行事法则了。

例如我在公司上班，除非不想混了，否则我肯定不敢得罪老板，因为他是给我发工资的人，能满足到我物质上的需求；而跟朋友聊天，我把失恋后的各种烦恼向他倾吐出来，因为他能够聆听我的心声，给予我情感上的安慰。

然而物质和情感上的满足，很多时候在生活当中无法表现得那么泾渭分明，应用到人际交往上，两者产生交集的情况就会更多。

你跟老板相处，尽管你上班是为了完成工作，而不是跟他成为朋友，但假如你没有顾及到老板情感上的需求，说话动不动就让他丢面子，那你接下来的职场生涯肯定也不好过；

而你跟朋友相处，尽管你们可以把彼此当作是家人那样一起互助互爱，但假如在相处期间你一直去损害对方的利益，动不动就耗费朋友的钱财，那你们的感情也肯定会慢慢疏远。

所以各种人际关系的相处技巧，都是以这两点来构建的。

你要怎么利己，才能够不损害别人物质和情感上的利益呢？而别人想要利己，你要做些什么事，才能够满足对方这个需求呢？这里面就会涉及各种相处方式。

然而我们每个个体，在利益和情感上的需求，也不会一成不变。

比如我昨天升职加薪，你突然喊我请吃饭，我会很热情大方地答应。可是一旦我工作不顺心，遇到打击，那你突然喊我请吃饭，我可能就不会回复你，也懒得跟你解释，态度完全变了个样。

这种变化，是基于利己的前提下发生的；作为当事人，肯定不会考虑到其他的外在因素。也正是这个原因，大多数人就成了那种"没那么好又没那么坏"的人。

当我们接触到这些人的时候，由于信息不对称的关系，我们往往无法完全了解到，导致他们变化的背后原因。于是，人际关系就由此变得复杂起来了。想看几本书就懂得怎么跟人相处，谈何容易呢？

那怎么办？我们应该怎么应对？

二、 适当去利他

既然每个人都喜欢利己，那么当你去利他时，也就是满足对方利己这个需求，有了情感的联结，你们之间的互动就多了一个合理的理由。

很多时候，我们称呼一些权威人士为"刘总""李博士""张教授"等，是出于尊重的心理。这种尊重，就是一种满足对方对身份认同感的利己心理。

我们为什么要注重礼貌呢？因为礼貌的行为会让对方产生

一种被尊重的愉悦心理感受，算是利他了。在社交环境里这是一种约定俗成的利他行为，这样做当然有助于提升彼此的人际关系。否则，谁都不愿意搭理你。

当我们跟他人建立起某种程度的利益关系之后，这种利他的行为还要继续保持下去。不要随便拿对方的缺陷开玩笑，不要说一些伤害对方的话语，不要经常麻烦别人，或者偶尔关心对方，看到对方有困难，能够帮忙的就主动伸出援手等，都是基本的做法。

但是为什么要适当呢？

正如我前面所说，由于信息不对称的关系，我们很难获悉对方是处于一个什么样的心理状态跟我们相处。

万一对方是那种习惯接受别人付出的人，那么你的利他行为，不但不会换来对方的感激，反而还会让对方觉得是理所当然的正常事情。

而且，即便是利他，一定要满足对方的需求才算是利他，没有满足对方需求的利他，是扰人。

这种事做多了，还会给予对方巨大的心理压力。好比一些男生有事没事就送女生玫瑰花，守在楼下布个蜡烛阵，以为会感动对方。其实在人家心里，这根本不是她的需求。

问题是，我们很难了解到对方的真正需求，毕竟人的利益和情感需求，不是一成不变的。所以适当去利他，才是最安全的做法。

这个尺度一定要掌握好。

三、 了解交往的本质目的

某些情况下，一些人对我们很友善，但换了另一种情况，他们就会对我们很冷淡。我们不清楚他们变化背后的具体原因。

这时，我们就要想一想，我们和他们交往的本质目的是什么？涉及哪种利益关系呢？我们主要是因为物质上的互利而交往，还是主要因为情感上的互助而交往呢？

编辑联系作者，是因为作者的文章能够给他们提供某些价值。一本书卖得好，对他们的工作任务会提供些许帮助。一旦这层关系没了，他们自然就会离我而去。

女朋友愿意跟你一起闯南走北，是因为她对你充满感情。只要你也爱她，你们就会相处得很幸福。一旦情感破裂，你们自然就会分道扬镳。

基于物质的交往，只要你们一直停留在物质上，没有涉及太多的情感，那你也不会产生太多的烦恼。基于情感的交往，只要你们没有过多牵涉到物质上的冲突，那你也不会产生太多的烦恼。人情很难用钱去衡量。谈钱伤感情，不谈钱伤人情。就算我找朋友帮忙，我最后也会请他吃饭来报答，而不是只指望朋友的情感。

这两者一定要区分清楚。原本你们只是物质上的利益关系，而你却用了情感上的利益关系去跟对方相处，假如对方也有这种意愿，你们也许会成为好朋友，但要是对方没有这种心思，你这种做法就会破坏彼此的"平衡交往"，带来不必要的麻烦。

而情感上的关系，如果你们关系还不是很深入的情况下，贸然用一种物质交换的方式去跟对方相处，以为直接给个钱对方就会出来陪你看电影吃饭，那你只会自讨苦吃。情感交往，一定要循序渐进，一步一个脚印去建立关系。

否则，只会坏事。

所以，利他为什么要适当，不能强迫，就是这个原因。

想通这些基本问题，谁为什么突然对你好，谁为什么突然对你不好，对于你们的交往状态，至少你心里也会有个谱。

当你面对各种相处情况，你也就能够坦然处之了。

四、 建立自己的价值

人际交往是彼此价值交换的一种体现。如果你自身没有任何价值，你很难在别人心里拥有存在感。

建立自己的价值，就是让自己有能力去利他。当你有能力去利他，自然就有资格"要求"别人反过来去利你。

想一想，现在的你能够给别人哪种价值？是提供物质上的价值，诸如有能力解决别人的问题，给老板完成任务，教导他人学习某些知识等，还是提供情感上的价值，诸如成为大家的一个知心好友，愿意陪伴在朋友的左右，为他们分担烦恼等呢？

你能给多少人提供价值，你就能够发展到什么样的程度。你能够解决老板五百万的难题，你就能成为他公司的高管；你能够解决老板几亿的难题，你就能成为他的合作伙伴。

你没有价值，不管是情感上还是物质上，如果无法跟别人构建起联结，那你就很容易被别人忽略了。

一个明星帅哥或美女跟你走在街上，众人向你投来艳羡的目光，这会不会满足你的虚荣心呢？你的师兄用一种非常熟练而帅气的方式帮你解决某些问题，你会不会对他心生好感呢？

这些就是高价值的展现。

想要获得平等而和谐的人际关系，不是你求回来的，而是基于你的个人价值自然而然建立起来的。自身没有足够的价值，就算你哭红了眼睛去哀求，换来的也只是同情，而不是尊重。

五、 不要强求处理所有关系

并不是每个人都愿意跟我们交往。

有些人不愿意跟我们维持和谐的人际关系，是因为他们不在乎这种关系上的平衡，即便失去，对他们来说也没什么。

懂得用一个坦然的心态去面对这种人来人往很重要。

但无论如何，尽量让自己成为一个有用的人吧，这才是人际交往的核心。美国已故人际关系学家戴尔·卡耐基曾经说过一段话：别指望别人感激你。因为忘记感谢乃是人的天性，如果你一直期望别人感恩，多半是自寻烦恼。你的价值因为别人的需要而存在，被人需要胜过被人感激。与其让对方感激你，不如让他有求于你。

只要做到这样，就算有一天你的热情和礼貌，某些人一点都不领情，那依然还有其他人需要你，喜欢你。

你就是你自己强大的依靠。

与人交往，怎么聊天才能够做到应对自如

我们与人交谈，从陌生到认识，肯定需要经过一个过程。这个过程，包含了彼此接触时语言和行为上的"化学反应"，只有通过这些"化学反应"，才能建立起一个相对比较稳固的关系。

不管你出于什么目的跟别人聊，这个过程都需要你用到不同的聊天技巧，才能够处理好彼此由陌生到熟悉期间，遇到的各种相处的情景问题。

所以，只要你掌握应对不同情景问题的聊天技巧，那么无论你置身于什么样的场合，你跟别人交谈，都能够做到有的放矢、胸有成竹。

那么这些情景问题都包括有哪些呢？

一、 如何开始寒暄

在现实生活当中，很多时候我们需要跟那些关系不是特别熟悉的人打交道。由于彼此情感生疏，大家或多或少都会有一

些防备之心，这种情况下的聊天，彼此存在顾忌也是很正常的事情。

即便是相熟的朋友，相隔一段时间不见面，对彼此近况也不是完全了解，如果你一上来就说自己的事，对朋友毫不关心，那你这个朋友也做得太不够意思了。

所以，为了打破彼此这种情感上的隔阂，这时，寒暄就是一个很重要的谈话技巧。

寒暄相当于聊天的入门券。有了这张入门券，你会更容易打开别人的话匣子；没有这张入门券，你就直接说一些超出社交界线的话，说不定会惹起对方的反感。

也就是说，寒暄是一种建立适合聊天氛围的手段。这个聊天氛围建立起来后，大家就会在接下来的时间里，用更为放松、熟络或融洽的情绪进行交流了。

那寒暄一般都有哪几种方式呢？

1. 从对方的近况入手发起话题。

A：小李，近来忙什么呢？很久没联系了！

B：还不是忙着工作。时间都花在工作上，都没空做其他事了。

2. 从对方身上的特征入手寻找话题。

A：看你的面容这么疲惫，就知道你睡不好了，忙归忙，注意身体啊！

B：我也想，可是工作做不完我有什么办法呢？

3. 从对方背后的隐藏信息建立话题。

A：你这样一天忙到晚，公司不会给你加班费什么的吗？

不要跟我说你是义务劳动啊!

　　B：鬼知道!这个项目一天不完成,我们一天都没有钱拿!

　　4. 从彼此的共同点开始开启话题。

　　A：有时候生活真的不容易啊,我还不是这样子,忙起来真的一点私人时间都没有,但自己的工作又不能不管。

　　B：就是嘛,苦命的人儿。对了,你近来又怎么样,干什么去了?

　　打招呼是寒暄,问候近况是寒暄,看到别人买了一双新鞋聊几句也是寒暄。

　　无论是在街上碰到朋友,还是在一个陌生的场合接触别人,通过寒暄来建立谈话,是非常重要的能力。

二、 如何扩充话题

　　谁都知道,聊天不可能一直停留在寒暄打招呼这个阶段上。

　　假如想深入交流,懂得如何扩充话题也是很重要的技巧。否则聊着聊着,突然找不到话题,就会很容易陷入到尴尬之中。

　　扩充话题的要点,就是在寒暄的基础上,针对已有的话题发散思维,有目的地聊天。而这种方式,有两个基本的做法:

　　1. 学会发问（开放式提问,封闭式提问）;

　　2. 学会讲述（谈论自己,谈论别人）。

　　发问的作用,就是了解话题未知的部分,获取交谈信息;而讲述的作用,就是发表话题已知的部分,补充交谈信息。在谈话中，两者穿插运用。例如：

A：不好意思，打扰你一下！我无意中看到你在看这本书，请问你是学心理学的吗？

B：不是，不过我对这方面比较感兴趣。

A：其实这本书我之前一直想买了，但一直没有下单，因为我不知道里面的内容好不好。现在看到你已经看了一大半，你觉得这本书怎么样，值不值得买呢？

B：比较理论，科学研究的讲述比较多，实质性的建议就比较少了。如果你想从书中获得一些有用的指导，那买来看也许就不太值得了。

A：真的？那听你这么说，还是不买了，我一看理论的书脑子都糊了。没想到你居然可以看这种满是理论的枯燥书籍！

B：其实我也是看了后才知道的，既然看了，就继续看下去吧！

想要扩充谈话，你既要懂得发问，也要懂得讲述。否则你一直只是发问，就会陷入"查户口式"这种谈话态势，让别人感到压迫感；而如果你一直只是讲述，滔滔不绝只讲自己的事情，也会惹起对方的不满，毕竟对方没义务听你唠叨自己的历史。

所以，发问和讲述，一定要按照特定的聊天节奏交错运用。从发问当中获取交谈信息，然后针对这个交谈信息，讲述自己的观点。

三、 如何建立共情

所谓共情，就是从聊天中获取情感的共鸣。如果谈话一直无法建立共情，就很难进一步发展关系。

对于男生，聊天一定要有种相见恨晚的感觉，大家对于某些问题的意见一致，你懂的我也懂，我懂的你也懂，大家畅所欲言。

对于女生，聊天则需要懂得如何调动对方的情绪，唤醒对方内心的感受系统，给她一种跟你聊天会很放心的安全感。

这两者都需要营造出一种愉悦的聊天气氛。所以一些削弱彼此情感的谈话方式，例如刻薄、质问、挑逗、自负、鄙夷、抱怨等高负面的态度，就需要注意避免。而热情、大方、自然、积极、乐观、自信等态度，则需要尽量融入到你的谈话当中。

在这个基础上，再围绕两个核心思想来构建谈话，就能建立共情：

1. 站在对方的角度去聊天，例如表达彼此观点一致，懂得关心对方、赞美对方；

2. 适当调动对方的正向情绪，例如自嘲，开对方善意的玩笑，设置谈话的障碍。

当然，这两个思想也一定要结合上面所说的开始寒暄和扩充话题这些技巧。还是以上面看书那个聊天为例，想要建立共情，成为朋友，那就要这样说：

B：其实我也是看了后才知道的，既然看了，就继续看下去吧!

A：我是一个喜欢看书的人，身边也接触到不少喜欢看书的女生，但是像你这样去看这种心理学著作的，却是第一个。我很好奇，为什么你会对心理学感兴趣呢?

B：因为我想了解一下人类各种行为举止的背后，都有什么样的思想和心理，这对我跟别人打交道，会有不少帮助吧。

A：为什么听完你这么说，我突然有一种被你看穿的感觉?好吧，我老实交代，其实我过来找你聊天，不是想问你这本书值不值得买，而是想问你，厕所在哪里?

B：真的假的? 就在那边嘛，看到了吗?

A：呃……没想到你还真回答我了! 你不但看穿了我，还把我当成了连厕所都找不到的智障儿童!

B：哈哈，哪有!

这种聊天既表现出自己大方、乐观、自信的态度，也能够顺着对方的话题去聊天，发散思维去开玩笑，引起对方的正向情绪。

那么接下来只要不断重复这些谈话方式，构建观点或情感上的一致性，建立共情也就不在话下了。

四、 如何纠正谈话

聊天不可能永远都是和谐顺利的。

有时候你可能会说错话，引起别人不满，有时候你可能开了不该开的玩笑，导致大家尴尬，那么你就应该要有意识地处理这些问题，让谈话重新回到正确的轨道当中。

而纠正谈话，就是其中一种处理手法。但是想要纠正谈话，你必须要意识到，什么是正确的谈话，什么是错误的谈话。

很多时候你说话得罪了别人，自己还乐在其中，说不定别人已经怒火中烧了。这就是没有意识到自己说了不该说的话，忽略了言谈造成的影响。

正确的谈话要结合四点去说：

1. 说的话有没有符合彼此的身份；
2. 说的话有没有照顾到对方的自尊；
3. 说的话有没有损害到对方的利益；
4. 说的话有没有勾起对方不好的情绪。

对方是一个前辈，你一来就说："老师，你整理一份你演讲的内容给我，好不好？"这好像是请求，但问题是，对方为什么要为你做这事呢？你是他的什么人吗？既然你不是对方的谁，那么对方为什么要特意抽时间为你整理呢？这种要求就越界了。

对方没头发，你突然说："没头发很好啊，下雨都可以免费洗头了。"你以为这是开玩笑，但万一对方在意自己没头发这事呢？你这样说，就让对方丢脸，伤害他的自尊了。

对方辛辛苦苦花了时间帮了你，你却说："这没什么作用，我自己都比他做得好。"你不仅不感谢，还贬低了对方，这就损害到对方的利益，毕竟对方付出了劳动。

对方的亲人刚刚去世，然后你来了一句："人生自古谁无死啊！"你以为是安慰别人，其实这话伤害了别人的情感。没错，人生自古谁无死，但每个人都不希望有事的人是自己身边的亲人，这不能随便拿来开玩笑。

这些话，即便你心里真的是这么想，也不要说出来，否则很容易得罪他人。当你意识到自己已经得罪人了，最好的方式就是道歉，说声对不起。

真诚地向对方表示抱歉，比起任何的语言技巧都更有用。

五、 如何应对刁难

当然，你不去得罪别人，有时候可能别人会得罪你。怎么应对对方的刁难，就很重要了。

我们有时候按照书上的高情商要求去跟别人聊天，然而，即使我们做到这样子，也并不意味着其他人都会高情商地跟我们聊天，所以懂得应对别人的低情商聊天，是我们掌控谈话的其中一个技巧。

应对刁难，包括任何形式的刁难，其核心处理方式只有一种，就是化被动为主动。这也是《孙子兵法》上说的"致人而不致于人"。为什么很多明星出事了，都会做各种公关呢？就是要把被动的处境变成主动的掌控。

同样，当别人骂你长得蠢时，如果你不做出应对，就会陷自己于被动的处境当中，你就会被大家默认为是一个"长相蠢笨"的人。

为了扭转这个局势，你必须要反驳对方。怎么做呢？简单来说，就是以其人之道，还治其人之身，按照对方的逻辑去回击对方。

A：一看你的长相，就知道你一个头脑蠢笨的人了。

B：一看你的身高，就知道你智商高不到哪里去了。

既然对方可以从长相推导出一个人是不是蠢人，那么你也可以按照这种方式，从对方的身高推导出他的智商很低。

对方刁难你，肯定有对方的逻辑，只要你找出这个逻辑漏洞，顺着对方的意思，就可以仿照对方的思维，用同样的手法去对付对方。

这里指的"刁难"，是那种恶意、刻意、有意针对他人的言语。至于那些朋友间的戏谑和玩笑，只要不过分，就不要斤斤计较了。当然，也不能单方面任由朋友戏谑你，所以化被动为主动，也要懂得反过来去戏谑朋友，才能够做到"有来有往"。

例如你朋友开玩笑跟你说："你为什么不请我吃饭？这是兄弟吗？"

你不做出反应，一直强颜欢笑，那只会将自己置身于被动之中。现在，你就要把被动转化为主动，顺着对方的意思应答说："是的，就是兄弟，因为这是我们两人唯一的共同点了。"反驳对方也没有请你吃饭。

怎么提高自己的应对能力？

买一本跟逻辑相关的笑话集，从中研究各种对话，就能够学习到各种聊天的应对技巧了。

六、 如何面对谈话

与人交谈，真诚是最重要的核心特质，毕竟没有人会喜欢虚伪的人。除此之外，在沟通上，坦然也是一种重要的特质。

什么是坦然？就是我做了该做的事，说了该说的话，你没有任何反应，那么这时我们的心态，应该是坦然，而不是强求。

任何谈话，如果不是建立在坦然的心态之上，就很难跟别人好好相处下去。试想一下，你跟一个心仪的对象聊天，你兴致勃勃地发起话题，对方却毫无反应，你是不是会对对方这种行为感到很奇怪？

其实他愿意跟你聊，这很正常，他不愿意跟你聊，也很正常。或许他有他的原因，但无论如何，你不应该要求对方一定要按照你期待的那样去反应，要保持一个坦然的平常心。

所有的聊天技巧，所有的社交行为，如果你做不到坦然，就很容易出问题。你真诚跟别人聊天，对方居然很没礼貌，然后你越想越气，越想越觉得不爽，于是就回骂别人几句。说不定一个普通的沟通，就因为自己的冲动而被破坏了。而你跟别人聊天，表现得很热情，也希望对方能够像你这么热情如火，假如对方没有，你或许就会感到失望。

跟别人沟通相处，只要待人真诚，做了自己该做的事情，表现出应该有的礼节，就算对方没有给出应该有的应答，你也无需忧心，因为你已经做得很好了，没必要耿耿于怀。坦然处之，是最好的方式。

人做任何事情，背后总有他们自己的原因，这些原因我们未必完全清楚，毕竟是他们的隐私。对于这些原因，如果我们过度解读，就很容易跟别人产生人际关系上的矛盾。

你会想，明明我对你这么好，你为什么偏要对我这么冷淡？我已经跟你好好说话了，你为什么总是不理不睬？越是这样想，我们的心情就越是控制不了。

我们真诚对待别人，别人也真诚对待我们，这当然很好，但万一我们真诚对待别人，别人没有给予相同的回报，我们也没必要动怒或者过分伤心，只需要把我们真诚的心收回来就行，因为自然会有人好好珍惜我们的感情。这就是坦然。

无论恋爱还是生活，与人沟通，记住一定要抱着这样一个坦然的心态。

如何跟异性交往，才能留下好的印象

跟异性相处，想要让自己尽可能地获得对方的好感，有三个要素你必须要掌握。这就是吸引力的三要素。提高自己的吸引力，一定要从三个方面入手塑造：

1. 良好的第一印象；

2. 高预期心理行为；

3. 个体价值展现。

那为什么要提高自己的吸引力呢？用自己本来的面目去示人不就好了吗？如果对方连我最差的那一面都不能接受，那他就没有资格拥有我最好的一面。

是的。用最差的一面示人，的确很真实，但与此同时，我们也就失掉很多适合我们的人。正如一样物品，在你还没有亲身感受过它的价值时，如果不借助其他东西去了解，你就不知道它能够给予你什么。

当然了，提高吸引力也是基于我们的个人情况。比如你是一个小商贩，再怎么努力去提高吸引力，也很难认识到大明星。这跟我们与异性的可得性系数有关，毕竟我们连跟他们长期接触的机会都没有，可得性就非常低了。

很多人觉得，有车有钱才会有爱情，这当然没错，这些条件的确会提升我们获得爱情的概率。但你什么时候才会有车有钱？有什么车有多少钱，才会符合你有爱情的条件呢？

其实，基于个人客观的条件，我们把自身吸引力的潜力最大限度发挥出来，从而吸引到可得性较高的心仪异性，这才是最实用的观念。

好比我们原来的面貌，在自己可得性的范围内只能接触十个异性，然而我们的潜在吸引力，本应可以接触到二十个异性。而提高我们的吸引力，就是扩大自身条件的吸引效应，让我们有更多的机会去认识不错的异性。

那我们怎么从这三方面去提高自己的吸引力呢？

一、 第一印象的塑造

第一印象非常重要，非常重要，非常重要。如果你跟异性接触的时候，忽略第一印象的影响，那么接下来的交往，就会大打折扣。

第一印象可不是简单地归结为外表，如你的样子，你的穿衣打扮，尽管这些也非常重要。但除此之外，还要加上你的语言信息和非语言信息。

也就是说，你除了要收拾好自己的外表，还要注意你在与人接触时，所释放出来的语言信息和非语言信息。这可不是看一眼就完事的事情，因为你给别人留下一个什么样的印象，需要根据你和另一个人所接触的时间长度来决定。

这样就很明白了，第一印象，就是从你获得对方注意力开始，直到你们第一次见面结束，在这段时间所塑造出来的个人观感。

例如你获得一个女生的注意，她第一眼对你的印象是正面的，然而在结束见面前这段时间，你有过骂脏话、随地吐痰、说话猥琐等行为，那么这个第一印象就会定格在"差评"这个评价上。但如果你在彼此相处结束时留给她的印象是非常正面的，那么这个好印象对她而言就具有一定的吸引力。

那我们怎样才能够给别人留下一个好的印象呢？这就需要你去管理自己的印象。

印象管理，是由心理学家库里和戈夫曼等人提出来的一个自我控制概念，指的就是我们每个人都会试图管理和控制他人对自己形成一种什么印象。而想要留给别人一个好印象，你就得对你的语言信息和非语言信息进行管理。

语言信息，就是你说出来的话，传达给对方的信息。如"你好美啊"，或"你很有气质"等，尽管表达的意思差不多，传递出来的信息却给人不同的感觉。

非语言信息，就是你有意或无意，在与人相处时所展示出来的语言之外的一种信息。如你说话时的语气、态度、表情、身体小动作等，都是非语言信息。

这两种信息会构成我们是一个什么样的人，塑造出我们的气质。想要给别人留下一个好的印象，你必须控制好这两个地方，有时候它们比你身上的衣服和外表更加重要。

好比一个穿着一身名牌的美女，去餐厅吃饭，一坐下来就对服务员大呼小叫，态度嚣张，言行举止蛮横，那么她的语言信息和非语言信息，就形成一个外表光鲜、内里野蛮的土包子形象，气质粗俗。

如果你在与人见面的时候，不懂得调整自己的语言信息和非语言信息，那么就很容易把自己的形象搞砸。但是，对于很多人来说，这种调整并不是一件容易的事。因为有些非语言信息的行为你可以装出来，而有些非语言信息的行为做起来就没那么简单了。

例如你想留给别人一个沉稳的印象，但你跟对方说话时，展现出来的表情却非常生硬尴尬、紧张局促、眼神飘忽、不知所措，那么在这种非语言信息的影响下，你只会给人留下一个不成熟的感觉，难以有吸引力。

这种非语言信息就很难装出来，毕竟这涉及我们自身的心理素质和个体能力。当你真正到了很稳重的程度，自然就会由内而外地表现出来。如果你希望拥有这样的印象，你就必须努力锻炼提高，让其变成自身能力一部分，否则很容易露陷而弄巧成拙。

基于自己的个性，每个人都会释放出相应的语言信息和非语言信息。平时注意一下这些信息的好处与坏处，做不好的就去改进一下，做不到的就去努力获得，在这个基础上再收拾一下自己的外表，你的吸引力自然会提高了。

有几条建议你必须遵守：

1. 减少你身上不必要的小动作；

2. 控制好你脸上的表情，尽量不要有大开大合的表现；

3. 注意你说话的语气，有时候会影响到别人对你的观感；

4. 适当修饰你的衣着打扮，尽量合身，给人干净整洁的感觉；

5. 站有站相，坐有坐相，你的行为举止一定要符合社会规范。

二、 高预期心理行为

第一印象不是万能的，只是没有它却是万万不能。它就好像我们的学历一样，平时没什么用，但用来做敲门砖的时候，它就能给予我们一定的帮助；如果你没有，可能连门都进不去。

第一印象就是如此，它是我们与人交往时的入场券。做得好，我们跟那个人就有继续交往的机会，否则，第一次见面后，你想约对方出来都困难。

但是，对于第一印象的塑造，我们也没必要尽善尽美。只要你懂得避免释放那些不好的信息，或懂得根据交往对象释放一些好的信息，以此维持良好的形象即可。

如果你没有意识到这一点，不小心踩到了对方的"雷区"，好比对方讨厌吸烟，你却吸了；对方不喜欢说话咄咄逼人的感觉，你这样做了；对方喜欢成熟大方的姿态，而你却一直表现出无法担当的态度，那么你的印象分肯定会被扣减。

当然，如果对方的雷区是不喜欢矮的、胖的、丑的，就算你什么都没做错，一时之间也不会留给对方一个"好"印象，想要扭转它，也不是一件容易的事情。不过，只要你没有做出让人讨厌的行为，总有人不会介意这些的。

换言之，你塑造出来的印象，既没有踩到对方的雷区，还能够尽量保持正面，那你就能够收获一张继续交往的入场券。而你在接下来第二次见面接触时的表现，才对你的吸引力起到决定性的作用。

因为你这个时候的表现，一定要高于对方对你行为的预期心理。

什么是高预期心理？

经过第一印象的塑造，我们第二次跟别人接触的时候，会带着第一印象的感觉去评价他人接下来相处时的行为。如果这个时候，你表现出来的行为高于对方的心理预期，那么你的吸引力就会进一步增加。

例如你看到一个男生，长相斯文，举止得体，谈吐优雅，给你留下一个不错的感觉，这是第一印象。然后第二次见面的时候，发现他居然还会弹吉他，唱歌也很好听，甚至偶尔还会说笑话逗你笑，那么他的行为表现就会高于你的预期心理，从而让你加深对他的好感。

而能造成这种效果的，不一定是能力，也可以是外观打扮。第一次见面时衣着简单，而第二次相见时则穿得时尚靓丽，甚至换个发型，也能给人焕然一新的高预期心理。

值得注意的是，由于第一印象的那个印象，在别人心里还没有巩固下来，要至少相处几次之后，才能形成一个稳定的感觉。所以接下来每一次的相处，你都必须维持好这个印象，千万不要去打破它。

因为我们评价一个人，往往是基于第一印象的前提下，再综合你每一次的行为表现，才最终得出一个相对比较稳定的印象。在你这个印象还没有稳固下来之前，你的行为表现最好维持在第一印象的水准。就算你的表现并没有高于对方的心理预期，你的印象评价至少还是正面的。

要是你差于第一印象，例如第一次见面你的行为很有礼貌，然而往后的见面，你居然污言秽语、满嘴脏话、待人虚假，那么相比一开始就留下的那个印象，这时你给别人的感觉只会更加糟糕，对方甚至会认为原来你是一个这样子的人，攒够了失望，自然就会离开。

但是，当你的印象在别人心里稳固下来之后，就算日后你偶尔骂骂脏话，这些负面行为对你个人的整体评价也不会有太大的影响。

我见过不少女生的男朋友喜欢说黄色笑话，为什么这么低俗的男生，她们也喜欢？就是因为这些男生在那些女生的心里，有另外一个喜欢的固定印象，而说黄色笑话、挖鼻孔、好色这些行为，在她们看来只不过是这个印象的点缀而已，并不是我们想的那样，是个体印象的全部。

很多女生一直被渣男伤害而不离不弃，就是渣男曾经给她留下一个"好"的固定印象，就算相处之后本性尽露也心存幻想，希望对方变回以前那样子，就是这个原因。

所以，在你的印象还没稳固下来之前，想要提升你的吸引力，你其后的行为表现，一定要高于对方的预期心理，千万千万不要对你的语言信息和非语言信息的传递有松懈的思想，这样就算你的印象还没有稳定下来，你也能对异性构成吸引力。

那怎么才能够做到高于对方的心理预期呢？这就涉及你的个体价值了。

三、 个体价值的展现

一个自身没有价值的人，是很难吸引到别人喜欢的。你能装得了三四次，也装不了五六次。

无论你跟什么样的异性交往，你必须能够长期展现出属于你自己的独特价值。这个价值，可以包括你的个人能力、兴趣爱好、金钱财产，当然，还包括你天生丽质的外在条件。在这些范畴里面，如果你一样都没有，那么就算你前期的印象塑造得很好，不用多久，你很快也会"原形毕露"。

当你每一次的表现都可以体现出你的个人价值时，你自然就会形成固定的吸引力。例如你是一个充满幽默感的人，那么每一次跟对方相处的时候，逗笑对方基本上就能体现出你这种口才能力。

如果你不是，即便刚开始你背下几个笑话，学会几条说话技巧，博得伊人一笑，那么对方在对你印象感觉还没稳固下来之前，突然发现，原来一直以来那个你，并不是真实的你，对方就会对你感到鄙视。

为什么很多男生还没对女生构成吸引力的时候，为了她去学钢琴，学唱歌，送礼物，献殷勤，却很难会获得对方的好感，就是因为他们散发出来的个人价值，并不是自己能力的体现，只不过是在"贩卖"第三方的价值来换取对方的好感而已。

是很用心，但这样做，往往没什么用，对方只能感动地拒绝了你。吸引力，是凭借你自身的整体素质去吸引对方获得好感，而不是做某种事求来对方的好感，因为你做的那些"好事"，只是为了得到对方的一种手段，而不是个体价值的自然展现。

所以，跟异性聊天，如果你希望自己释放出来的语言信息和非语言信息为你塑造一个良好的印象，你最好拥有那方面的能力。当你拥有自身价值的时候，你的所有这些"信息"，就会不一样。

否则，在喜欢的异性面前，你聊天又尴尬，冷场又不知道怎么处理，出糗了只会逃避，那种非语言信息表现出来的个体价值，其吸引力就远远不及那些聊天大方得体、处事稳重自信的人。

固然，善良比吸引力更加重要。但如果你平时有看书的习惯，有健身的习惯，有跳芭蕾舞的习惯，那么在这些行为潜移默化的影响下，你的举手投足自然比那些胸无点墨的人多了一份知性，这就是气质。

腹有诗书，不一定气自华，但倘若你想气自华，你肚子必须有些东西囤着。你的学识能力，你的人生阅历，你的生存技巧，你的处世之道，这些就是你的个体价值。如果没有，你的底气就会不足，缺乏自信心，那你的吸引力自然会大打折扣。

综上所述，假如你想提高自己的吸引力，就从这三方面去培养自己吧。

想一想自己希望给别人留下一个什么样的印象，是开朗活泼，还是温文儒雅，然后平时注意筛选这方面的信息展示出来，再改正或者避免那些不好的信息；假如做起来很吃力，就努力培养这方面的能力，提高自己的个体价值。

当你做到这样子，你的吸引力肯定就会油然而生，获得异性好感也容易很多了。

怎样做才能避免成为只懂得付出"老好人"

在与人交往的时候，你有没有遇到一些让自己很纠结的情况？

例如别人让你帮忙的时候，你帮，心里不情愿；但不帮，心里好像又会有点愧疚。于是很多时候，宁愿牺牲自己的时间，也要满足别人的要求。

甚至更糟糕的是，有时候你主动的付出并没有换来对方的感激。他们不是觉得你这种付出是应该的，就是认为你的牺牲并没什么大不了，从不把你当回事。

你一边纠结自己应不应该对别人太好，一边又不忍心拒绝别人的要求，总是逼迫自己一直做着"老好人"的角色。

为什么你会有这种纠结的心理呢？其实，这就涉及一个尺度的问题。什么情况下应该对别人好，什么情况下又要自私一点，心里一定要有一把"尺"去度量。

怎么把握这个交往的尺度，不仅仅会影响到我们与他人的关系，而且还会影响到我们的个人利益。

除非你一直活在孤岛里，跟任何人都扯不上关系。

任何人际交往最基本的一个前提就是"尊重"。你与他人在互动过程当中所有的一言一语，都必须建立在这一点上面。缺少了尊重，看你不顺眼我就开骂，觉得你长得丑我就指指点点，这种关系，并不是人际交往。

但是尊重也要有一个尺度。一旦你的言行超过了这个尺度，说不定你就有可能变成"老好人"了。这样的一种"尊重"，很容易导致"老好人"的身份出现两种形态：

1. 非常看重他人的需求，过分为别人着想，无形中带给他人心理压力；

2. 一直压抑自己的需求，过分迎合对方，弄得自己经常产生心理压力。

很多男生追求女生的时候，又送东西又做苦工之类的，就是属于第一种情况。最后他们这些"善举"，只能为他们换来一张好人卡。

而很多不懂拒绝的人，在面对他人的要求时，一而再再而三地牺牲自己的个体利益去帮助对方，这就是属于第二种情况了。

这两类"老好人"出发点是好的，只是无法把握好尊重的尺度，于是就很容易弄得自己左右为难——不做好像不好，做了更是不好。

如果在你面对某些需要你付出的情况时，有产生这种纠结的心理，那么你可能已经有了这种"老好人"心态了。

为什么你会有这种"老好人"心态？一个良好的人际关系需要我们做"好人"，却并不需要我们做"老好人"。怎么区分两者呢？

当我们做"好人"的时候，我们是处于一种"弱需求感"的心理状态之中的。这件事我能够帮上忙，皆大欢喜，事后的称赞能满足自己一点虚荣心当然很好，但深藏功与名也没问题；而帮不上忙，也希望对方能够妥善解决，不会因为自己的能力不足而耿耿于怀，自我怀疑。

然而，当我们做"老好人"的时候，我们就是处于一种"强需求感"的心理状态了。一个男生拼命对一个女生好，是因为他希望得到她的认可；或者你明明知道某些人的要求并不属于你的责任，你还经常去帮忙，那是因为你不想让自己在这段关系上留下"污点"。

也就是说，在"老好人"的心里，会对自己行为所带来的结果存在着一种恐惧感，生怕自己做出"不好"的行为，会造成一些他们不愿意见到的结果，诸如不被他人认可、受到别人指责、自己的形象受损等等。

这些结果，一般人都会在乎，只是"老好人"，会把它们当成自己的行事原则那样，指导着他们的一举一动。

为了减轻这种恐惧感，避免冲突，让结果维持在自认为"正常"的状态，他们就会不断强迫自己取悦他人，以此获得心理安慰。

取悦症，就是"老好人"行为背后的心理机制。在心理学上，这是一种思维、情绪和行为三者错位构成的人格认知障碍症。

当思维产生认知扭曲，而导致情绪陷入恐惧状态，最终就会做出取悦的行为。如果没有有效的制止措施及时介入，这种症状就会越演越烈，直至上瘾。

因为患上取悦症的"老好人"，一般都会有以下三种特质：

1. 自信心不足，自我价值定位不恰当。

由于对自身价值并不认可，而又希望自己获得他人的肯定，于是就只能通过做好人这种相对比较容易的事情，来获得他人对自己价值的认同感。

做好人，就是一种让自己显得比较有用的做法。当一个人无法确切找到自己的价值定位时，最快获得他人认可的方式，就是对别人好。这一次不认可，下一次再来；下一次不认可，下下一次再来。不断重复，好像赌博一下，形成习惯而上瘾。

这种"善举",一旦做多了,就会给人"作"的感觉。

2. 心思敏感,比较在乎别人的评价。

一个喜欢做"老好人"的人,一般都比较在乎自己给他人营造出来的外在形象。生怕自己稍微不小心,就把这个形象给"玷污"了。

这类人心思非常敏感,被不礼貌的陌生人无意说两句,都难受得要死,更何况这些不好的言语是出自身边的人。为了维持这个看似完美的形象,只能不断通过做好人来堵住别人的嘴巴。因为我这样做好人你都指责我,那我就很委屈了,我错就错在对你太好!为了证明我没错,我就继续对你好。

3. 交往边界不清晰,容易好心办坏事。

人与人之间存在着一个交往边界,我们的行为举止会根据这个边界,而有选择性地做出相应的举动。情侣之间的边界跟朋友之间的边界,尽管有重叠的地方,却不会完全一样。

而那些热心的"老好人"往往分不清或无视这种边界,用超出彼此关系需求的好意去为对方付出,以此获得一种让自己安心的感觉。一旦没有做到自己的"善举",心里总是不舒服,逼得自己一直做下去。这就给对方带来一些不必要的烦恼。

这三种心理因素是在他们成长的过程当中,由于不愉快的个体经历和不恰当的家庭教育而慢慢形成的。正是这些心理因素,从而驱使那些老好人不断地为别人付出。

试问这样"善意"的付出,做多了之后,谁能够把它当回事?"宠坏"了别人,也委屈了自己。

那怎么做才能够让自己从一个"老好人",变成一个正常的"好人"呢?

以下这四点你最好要做到。

一、 掌握交往的尺度

凡事过犹不及,人际交往的尺度亦然。

做"好人"这个尺度应该要怎么把握呢?有四个指标可用作参考和判断:

1. 彼此的关系;

2. 责任的归属;

3. 次数的多寡;

4. 付出的方式。

这四者是由上至下牵制住的,前面的因素决定后面的因素,千万不要把顺序搞混,本末倒置。当你想对别人好的时候,可以把自己的行为嵌入到这四者之中思考。

例如你女朋友下班,你每天主动开车接她回家,这种举动算不算"老好人"?当然不算!

因为你们是属于亲密关系当中的情侣关系,而且作为男朋友,你有责任保护女朋友的安全,那么每天接她回家,是很自然的事情。这种举动多多益善,做得少说不定女朋友还会抱怨你不爱她。除非她不希望你这么辛苦,或者你太忙有其他原因而无法兼顾。

但是,假如你女朋友不够爱你,就是彼此的关系还不算很浓厚，她又不希望身边的"护花使者"就此销声匿迹，那么你每天这么努力接她下班，可能就会导致她烦心了。这一点只能靠你自己去识别。

如果你每天接她回家的人，不是你女朋友，而是你心仪的女生，那这种举动，又算不算"老好人"？肯定是了。因为你们只是普通朋友的关系，而且接对方下班并不是你的责任；你做，只是一种自愿行为。对方就会对你这种超出关系界限的善意举动，而产生某种心理压力。

回到接心仪女生下班这个例子上，这种举动做多了，很可能会出现两个结果：

一是对方觉得你烦人，故意避开你；二是把你当成免费劳工，对你的付出已经习以为常，而不会重视你的善举。在这种情况下，你最好减少做"好人"去接女生下班的次数了。

除非对方和你出来吃喝玩乐后，每次都是你送她回家，那这就是你的连带责任了。毕竟她出来和回家之间，跟你有直接的关系。

如果你把这件事当成是自己的善举而不去做，丢下女生一个人在街边等出租车回家，我想你还是继续单身吧！

最后是付出的方式。例如父母关心孩子，前三个指标完全可以满足，然而一旦你关心的方式超出对方的心理需求，这种"好"，就不会太好了。

这种根据彼此关系走向而采取相应行为的认知，一定要掌握好。

二、 给自己设置止损点

人际交往中每段关系的发展，通常都是由浅入深，循序渐进的。在这期间，我们每个人都会有一个摸底或者试探的过程。

既然良好的人际关系少不了自己去做"好人"，那么我们为别人付出的善举，就要根据自己试探或摸底后所获得的反馈信息来进行相应的调整了。

其中一个调整，就是给自己设置止损点。

例如陌生人不小心落下了手机，你帮他捡起来，这是举手之劳；你出去拿快递，室友拜托你顺便帮他拿，这也是举手之劳。

如果陌生人进一步让你帮个忙，只要这个忙依然维持在举手之劳这个范围内，你大可以再帮一次。否则，你就要停下来，止损。因为你从陌生人身上获得的反馈信息，就是对方竟然拜托你帮忙做一些不属于陌生人关系要做的事。例如让你帮忙照看行李箱。

同样，如果室友让你帮的忙依然维持在顺便去做这个举手之劳的范围内，你继续去帮他忙也未尝不可。但如果这种事的次数超出很多，你就要止损了。因为你从室友身上获得的反馈信息是，他好像对自己去麻烦你这件事，并没有感到太多的不好意思。

设置止损点，就是为了避免投入过多的成本在这种行为上。

否则发展下去，你就会变成习惯性地做"老好人"了。

根据对方的行为反馈而设置止损点，是最灵活和最有用的方式。

你请别人吃了三顿饭，别人连一顿饭都没有提起要请你吃。这个反馈信息已经足够你止损了。不管是你主动请别人吃了三顿饭，还是别人主动让你请他吃三顿饭，其结果都是一样的，就是要停止投入。

前者要根据前文说的那样做，由于你们只是普通朋友的关系，请对方吃饭并不是你的责任，那这种事情不要做太多。而后者就是你已经付出了三次，对方给你的反馈信息却并没有任何表示，那么请吃饭这种举动就不要继续做下去了。

而止损的方式有两种：

1. 设立回报机制；

2. 拒绝对方的要求。

所谓"设立回报机制"，就是你也要让对方对这段关系有所投入，回报你的善意。

好比你请对方吃了三顿饭，对方毫无表示，那么当你再次遇到这种情况时，你就要跟对方说："我请你吃了这么多次的饭，这次应该是轮到你请我吃了吧！"或者说："那个问题你可以帮我解决一下吗？看在我请你吃饭这么多次的分上，你不会拒绝我吧？"

这不是斤斤计较，而是要让对方也意识到，他在这段关系当中的角色不能一直是"享受者"，同时也要是"付出者"，这是让彼此关系进入良好互动的前提。对付贪得无厌的人，设置回报机制是非常有用的方法。毕竟被借钱的人，永远比去借钱的人，更在乎彼此关系的走向。

所以，不管是让对方请吃饭，还是你遇到难题需要对方帮忙，不要不好意思，尽管开口向对方提出要求吧。设置回报机制，就是让对方对这段关系有所投入。如果对方不愿意投入，那么继续对他好，就不是你的义务，也没必要了。

这时，你就需要用到第二种止损方式：直接拒绝对方的要求。

三、 不要害怕冲突

"老好人"最害怕的就是与人发生冲突。而拒绝，就是一种隐性冲突。

有时有些行为，你不做，或许会给你带来非议。别人会指责你说："帮一下又要不了你的命，用得着这么无情吗？"这种指责会让"老好人"感到心里难受，然后滋生出前文谈及的那些心理，从而做出妥协，继续做"老好人"。

你要给自己设立底线，如果对方的要求超出你的底线，你就要勇于拒绝。牺牲一点面子，比起牺牲自己的个人利益，根本算不了什么。

好比对方的指责是建立在你已经帮了几次忙的基础上，那么你就有充足的理由反驳了。如果不是，就要跟对方明确彼此的责任归属；不是你的责任，你就坦白说明不愿意帮忙的理由，甚至用借口搪塞对方。

在社交环境下，不好意思去拒绝对方，一再降低你的底线，只会让你变成一个没有原则、容易被欺负的人。

四、 建立个人价值

没有自我价值的人，才渴望通过做"老好人"去证明自己。

当你建立自己的价值后，你的帮忙，就是一种自我价值的展现。这种价值，你愿意展示出来，你就做；不愿意，就随时拒绝。因为你没必要再向那个人证明自己。就算那个人不称赞你，你的价值也依然都在。

一个有价值的男生跟喜欢的女生出去玩，就算对方迟到，也会敢于"怼"她"你再不来，我就要张贴寻人启事了"，而不是唯唯诺诺地说"迟到没关系，你迟到多久我都会等你的"。

当你有能力被他人需要时，你的好，才会真正获得别人的尊重。

毕竟，你的被尊重，不是通过做好人"求回来"的。

第五部分

口才的提升

不会说话，这六种表达模型可以帮到你

人生需要说话的时刻，还真的挺多的。面对这些时刻，你能说或不能说，给人留下的印象真的会大相径庭。然而，成为一个会说话的人，并非一朝一夕的事情。没有大量的付出和坚持的锻炼，是很难获得一个显著效果的。

那有没有什么办法，可以在短时间内提高你的表达能力呢？

以下提供的这六种表达模型，是我根据现有的表达框架，为了方便大家记忆而总结命名出来的法则。只要你稍微理解一下，随时都能够派上用场。

当然，练习还是很重要的。

一、 直线表达法则

我们说话，某程度上就是句子与句子的不断连接。

上句跟下句相连，而下句又跟下下句相连；一直连接下去，就变成了一大段话。只要这段话是围绕着某个中心思想去讲述，那我们说出来的话，就很容易被别人理解。

这就是表达时，我们整合语言思路的意识流行为。如果把这种表达方式比喻成一条直线，那我们每句话与每句话的相连，就好像一条直接连接着另一条直线似的，源源不断，直到线尾的终点。

而句与句之间，则是由思路构成的"中心思想"来作为导航。

一般来说，按照"金字塔原理"，我们说出的第一句话，应该是总论，就是你要表达的观点或结论；在这个观点的引领下，你接下来的每一句话，都是对这个观点做出解释的内容或细节。

好比上司让你汇报上个月的公司业绩。

你第一句话肯定就是要把上个月的业绩情况，总括地表达出来：老板，不好意思，上个月的业绩，跟上一年的同比增长，跌了十个百分点左右。

有了这句话作为领头，那么接下来的第二句话，肯定就是对这句话做更详细的解释或者补充，如："上个月由于我们的对手针对竞争产品推出了一项减免优惠措施，导致其产品销量大增，很多客户都把消费转移到他们身上，光顾我们的人就少了。对比上年同期的业绩，我们就下降了十个百分点左右，增长有所放缓。不过我们这个月已经在尽力修补了。"

你这样说，老板一听就知道怎么回事了。

如果你一开始不这样做，反而绕来绕去地说："老板，不好意思。上个月同城对手推出一项优惠措施，而我们公司又没有这样做，所以他们的产品就卖得很好。我们的产品就受到他们的影响，导致很多客户都没有来光顾我们，这个月我们已经在尽力修补这个情况了。"

你老板肯定会不耐烦地再问你一句："那业绩到底是怎样?"

顺着第一句话抛出观点，接下来每一句都是对上一句话做补充性质的解释；完成了一个回合之后，又抛出第二个观点，其后继续用每一句话去解释它，直到形成一段话，全部满足你的表达需要。这就是以直线为基础的表达法则了。

看完一部电影，这部电影拍得怎么样? 看完一本书，你觉得这本书写得怎么样? 试着用这个法则做一些练习吧。

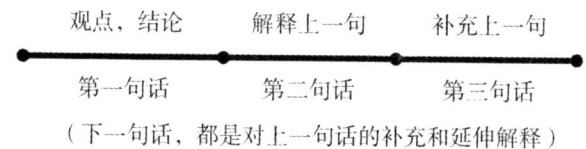

图18　直线表达法则

二、 主次表达法则

当你按照上面的直线表达法则去说一大段内容的时候，怎么铺排内容，也是一门重要的功课。先说什么，后说什么，很重要。想要做到表达时有条不紊，在你说话之前，你最好要对表达的内容做出某些筛选的行为。

而筛选的指标，就是你要根据表达的主题，区分哪些内容更符合主题的主旨，要重点去说；哪些内容只是辅助性质，可以省略地说。

这就是主次表达法则。

很简单的一个例子，如果你设定要表达的主题是"毕业前一晚的伤感"，那么你就要从毕业前一晚当天所有发生的事情里面，筛选出可以表现出"伤感"这个主题的内容，作为表达素材。

根据主次表达法则，你对于内容的铺排，就要着重说一说，是什么事让你感到伤感，为什么你会对这些事感到伤感，这些伤感又对你有什么启发，等等。

至于你们是怎么组织毕业前这一晚的聚会，你和同学是怎么过来聚会的，或者同学毕业后各自要去哪里发展等，这些跟主题不相关的事情，则可以省略地说，稍微交代一下就行了。

你的一切表达都要围绕着主题。所以哪些内容符合主题，要多说，哪些内容跟主题的关系不太密切，要少说，在你心里一定要有一个主动的筛选过程。

这样说出来的话，才主次分明，有条不紊。

尝试以今天发生的一件不开心的事作为主题，用这个法则说一说。

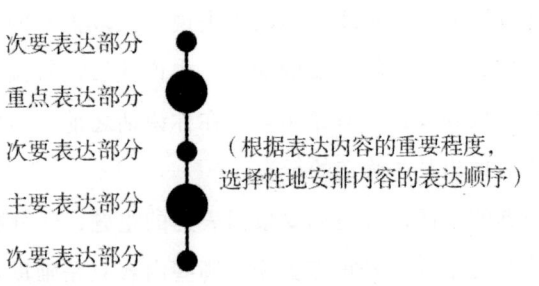

次要表达部分
重点表达部分
次要表达部分　　　（根据表达内容的重要程度，
　　　　　　　　　　选择性地安排内容的表达顺序）
主要表达部分
次要表达部分

图19　主次表达法则

三、 分述表达法则

当你需要阐述自己的看法，而这些看法又需要你从不同的角度去分析时，你就可以用这个表达法则。

例如别人就"突破舒适区，能不能让我们变得更优秀"这个问题向你发问，你要回答他，基本上一句话是很难解释清楚的。这时，你就需要针对自己的观点：能或不能，然后分别给出两到三个点的论述，每个点都说出你的理由，这样你的表达就层次分明了。

你可以回答说：我觉得突破舒适区，是无法让我们变得更优秀的。毕竟突破舒适区只是第一步，突破之后你要怎么做，这才是关键。

首先，你的突破一定要能够带来新的认知或者学习。如果你突破舒适区后，只是带来感觉上的不同，而你什么都没有学到，那么这种突破就不能带来实质性的帮助。

其次，你的突破一定要经过一段不舒服的适应期。正是这段不舒服的适应期，才能够让你的大脑和心理产生某种变化。只要你熬过去，你就能够获得成长。如果你突破舒适区之后，这段不舒服的适应期很短，甚至一点感觉都没有，如同你不敢打针到敢于打针，那这种细微的变化，就很难给你带来明显的改变。

最后，你在突破后所积累到的东西，不管是技能的掌握还是思想的提升，一定是可以重复运用的。通过每一次的重复锻炼和运用，你才能够把学到的东西牢牢掌握，然后从量变到质变，最终让自己变得优秀起来。如果你每次突破所积累到的东西，都可有可无，做不做都一样，那就很难获得进步了。

这样说，是不是就很清晰明了呢？

当然，这种分述表达讲述的点一般都是三个左右，最好不要超过七个。否则听众听了后面，就忘了前面了。

尝试以这个法则练习一下，讲一讲"突破舒适区，如何让我们变得优秀"。

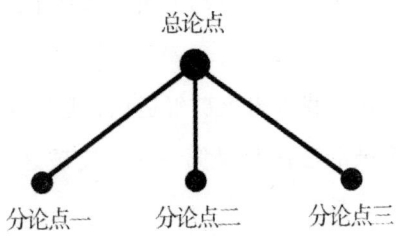

总论点

分论点一　　　分论点二　　　分论点三

（针对总论点，然后分别给出几个不同的分论点，加以说明）

图20　分述表达法则

四、　顺序表达法则

有时候要长篇大论地讲述一件事，在组织语言的过程当中，我们有三种讲述方式：时间顺序、空间顺序和逻辑顺序。

前两种表达方式很容易理解。

例如时间顺序，我们一般可以这样说：前段时间我遇到一件事，直到今天我才想起来这件事对我造成的影响。如果那件事没有发生在我身上，我相信以后都没有这个机会跟你说出自己的心里话。

这个表达流程，就是按照事件发生的时间顺序，以不同的时间点串联起来的。

至于空间顺序，一般在描述某些物品和讲述自己行程的时候用得最多。

例如你刚去完一个城市旅游，这个城市哪些地方好玩，这些地方又有什么特色，你就可以用到空间顺序。先去了哪里玩，然后又去了哪里玩，这期间看到了什么，你按照自己的游览顺序有条理地说出来，别人就能跟随你的脚步，好像也去了一趟旅游。

只是除非写作文，否则在日常生活当中，我们更多地会运用逻辑顺序，按照某个表达意向，想到什么就说什么。所以有时候我们的表达看似比较凌乱，但听者一般都明白我们的意思。

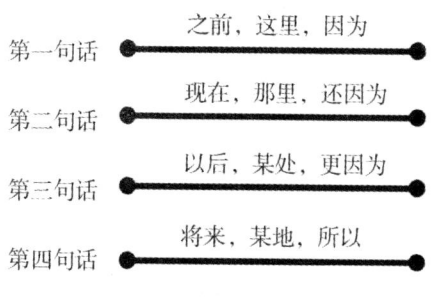

（根据表达的要求，选取不同的表达顺序结构）

图21　顺序表达法则

上文介绍的那三种表达法则，就可以分类到逻辑顺序里。除此之外，还有一种逻辑顺序比较常用，就是因果逻辑。

所谓因果逻辑顺序，就是你前面说的话，是为了给后面的话做铺垫，一般用"因为……所以……"作为连接词。

但有时不会这么明显，具体做法，可以回顾文章开头那三种表达法则。

五、 角度回应法则

我们说话，很大程度上是为了跟别人进行交流。

而一个完整的交流流程，除了要有自己的讲述，你还需要对别人的讲述给予回应。

很多时候你不知道要说什么话，就是因为你不知道要怎么去回应别人。所谓冷场，其实就是别人说出的那句话，你没有回应的点，于是只能选择沉默应对了。

但是一般来说，只要那句话还有回应的点，我们就能够有话可说。而回应的点，你可以从四种角度去思考。

简单举例，例如别人称赞你说："你这个人真的太幽默了。"针对这句话，你可以从四个角度入手思考怎么回应对方。

角度一：肯定："谢谢！我也觉得我是一个幽默的人。"

角度二：否定："哪有？你不要开玩笑了，我怎么比得上你！"

角度三：中立角度："真的吗？我也不确定我是不是个幽默的人。"

角度四：忽略角度，微微一笑，或者不予回应。

你可以根据自己的表达目的，从不同的角度组织回应的内容。

当然，回应完之后，如果有必要，你最好用直线法则补充一下，为什么你会这么说，给出你认同或者反对的理由，这样说出的话就更加饱满了。这四个角度的回应方式，只是最基本的做法。更深层次的做法，就是每一个回应角度，都可以加入不同的言辞去润色，例如幽默、谩骂、嘲笑、讽刺等。

好比那一则笑话，一个男生乘坐公交车，不小心碰到了旁边的女生，然后女生骂他："你有病吗？"男生反问："那你有药吗？"这就是肯定式的开玩笑回答了。

而如果你回骂道："我是不是有病我不知道，但你说话这么口臭，你才要去看医生！"这就是不肯定和不否定对方观点，却反过来回击对方的中立回答。

你可以私底下练习一下，针对不同的话语，套用这四个角度做出简单的回应。

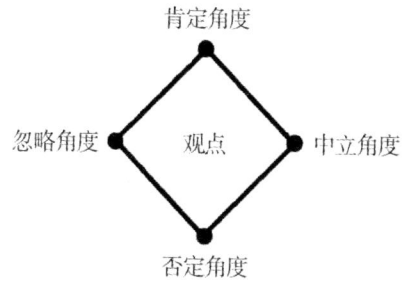

（对于对方的观点，你可以从四种角度给予回应）

图22 角度回应法则

六、 自圆其说法则

有时候你说话，说了大一堆，说到兴起，就很容易忘记了自己最初的表达目的。越是说到后面，越是离题万丈。

如果你不有意识地把自己的言语拉回到表达的中心上，不仅让听的人觉得不耐烦，你也无法很好地完成自己的表达任务。

这时，你就可以用这个自圆其说的法则，来给自己圆场。

一般来说，对于将话题拉回正轨，你可以说"刚才讲的都是题外话，接下来继续我们的分享"，也可以把之前那些题外话的讲述，变成是自己有意而为之的谈话题材。

例如我以前在香港时的一位同学，在读书期间曾经做过一场演讲，主题是说"如何选择一个适合的伴侣"。

说着说着，同学在说到妻子陪同丈夫去购买汽车，可以从中看出丈夫会不会为妻子着想（诸如会不会考虑到妻子以后怀孕后，汽车的空间是否足够，还想到添加婴儿座椅，而不追求跑车风格之类的观点）时，台下好像有人发问，说这样怎么看得出这辆车好不好呢？

然后同学居然为了回答那个人，话题就突然跑到了如何选择汽车上面，说了一大堆怎么鉴别汽车性能之类的东西。

其他人都以为这个话题正好是同学的专长，他肯定会说个不停。然而同学一意识到不对劲后，就立刻停下来，机灵地向台下的听众发问：

"大家肯定很奇怪，我为什么说这么多跟汽车有关的东西呢？其实，选择一个适合的伴侣，跟选择一辆喜欢的汽车，是没有任何差别的。不仅要看外在，还要兼顾内在。如果你对于汽车的各种部件都不熟悉，万一以后汽车坏了，你也不知道怎么修理。正如以后你和伴侣闹矛盾了，你也不知道问题出在哪里，到底是性格不适合，还是生活习惯不协调呢？所以，在选择伴侣之前，对对方有一定程度的了解，对于我们找到一个适合的伴侣，是非常重要的步骤。千万不要相信什么'一眼定终身'之类的话……"

作为看过同学演讲稿的人，我很清楚地知道他这段讲话，并不在演讲稿里面，是同学自己临场添加的，但过渡得完全不露痕迹，很自然。

这就是自圆其说法则了。

懂得自圆其说，在生活中，任何时候你说了一些主题以外的话，都可以无声无息地把话题拉回到正轨。例如明明你约某女生去喝东西，却突然问女生有没有男朋友，你这样做只是为

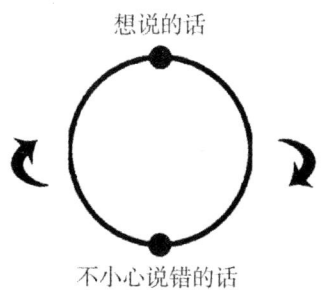

（将错就错，顺着错误接着说下去，直到将其变成正确）

图23　自圆其说法则

了自己的私心而已，却硬要说成单身和不单身的人，对于喝东西有不同的要求，所以为了更好地请女生喝东西，只好这样冒昧去问。

会说话的人，就是这样，随时都有理由给自己圆场。

当然，如果你圆得不好，或者搞砸了，直接道歉，肯定是最好的方式。

这六种表达法则，并不是相互独立的。

在你进行表达的时候，可以几种法则混合使用，哪一种符合你的表达目的，就使用哪一种组织你的语言。只要你能够在日常生活当中，熟练运用这些表达法则，你就能够随时随地都有话可说。

但是，我还是要说一句，这些表达法则只不过是最基本的表达形式。在这些法则的基础上，还有很多值得继续深究的地方。正所谓说话的最高境界就是"无招胜有招"，如果你在运用这些法则的基础上，继续进一步学习和锻炼，相信你的表达能力会大有长进的。

提高语言组织能力，就能改善你的表达

在与人交往的过程当中，你有没有遇到以下问题：不知道跟对方聊什么话题；话题很容易聊完，然后陷入冷场；别人不

主动说话，你就无法主动发起话题。

如果有，那原因到底是什么？

一般而言，影响我们表达的关键因素大概有三种：

1. 心态的好坏。

紧张、恐惧、不安，甚至激动、亢奋等情绪，会对我们的心理造成不同程度的破坏。因为心理跟我们的思维活动密切相关。如果你缺少相关的经历，不懂得控制自己的情绪，那你的大脑就无法适应在这种情绪状态下说话了。

2. 学识的储备。

对某些话题的不熟悉，或者缺失相关话题的资料，我们就很难加入到话题的讨论当中。别人在谈及股市的升跌，假如你不清楚股市的运作机制，你就无法发表自己的意见。为了避免不懂装懂，沉默是最好的自我保护。

3. 情商的高低。

这里的情商，说的是"认知同理心"，指你具不具有能选择性说话这种认知情商能力。根据对事物的认知采取相关同理心的行为，如在婚礼不能说不吉利的话，在葬礼不能说大不敬的话等。缺少这种能力，你就无法自如"察言观色"地说话了。

但这些都是表层原因。

即便你具备这三种因素，很多时候，你也无法把自己的所思所想表达出来，如同"茶壶里煮饺子，有话说不出来"。为什么？

因为我们脑海中的思想是呈网状分布的，几乎无处不在，又十分零散。而我们说出来的话，却是呈线性的。从我们说出口的第一个字，到说完的最后一个字，这个过程就好像把一条线从口中拉出来似的。当别人看到这条线上面的语言编码，自然就能够明白我们的意思。

但假如你无法把这些零散或分散的想法，有机地组织成一条条线性的语句，将其编码成别人明白的语言逻辑，那么其结果不是你不知道要说什么，就是你说出来的话，别人听不懂。

而这个有机地组织的方式，就是语言逻辑的思维过程。

一、 构成表达的语言逻辑

有条理地表达，是有逻辑思维的体现。

尽管语言层面上的逻辑，与我们思考时的思维逻辑，是出自同一个"母亲"，可是运用起来，却是两个性格迥然不同的小孩。

例如一道简单的逻辑推理题：1，2，3，4；A，B，C，D；甲，乙，丙，（？）。括号中的问号应该填什么？

我们稍微思考一下就知道答案了。但你怎么把这个推理过程表达出来呢？

想要做好这件事，你就需要运用你的语言逻辑。这个运用的过程，可并不像你思考这道题时那么容易。

既然表达是呈线性方式的，那么把你的推理过程，从头到尾有机地连成一条表达线，这就是你组织语言逻辑的思考过程。

这条表达线，一般都离不开以下几种组织方式：

1. 先说什么，后说什么；

2. 多说什么，少说什么；

3. 主要说什么，次要说什么；

4. 总体说什么，分层说什么。

故此，这就有了"内容筛选"这个行为——你要根据自己的表达目的，筛选出适合的内容，然后以语言逻辑的组织方式，将其编成一条表达线，让听众明白你的意思。

针对上面那道推理题，由于已经有明确的表达目的和存在的表达内容，我们只需要根据这个表达目的（解释推理的过程），把要表达的内容（题目给出的资料），用上文的组织方式编织成一条表达线，有机地说出来就行。

如，因为1，2，3，4这组数字和A，B，C，D这组英文字母的排列，都是按照正常顺序进行的。而第三组的文字，头三个字也是按照正常顺序排列。所以，以这个顺序去推断，排在丙后面的字，就是丁了。

这个推理过程，就是先说什么（表明前提，让别人知道你的推理是基于什么条件进行的），再说什么（通过对前提的分析，得出这个结论）；用"因为，所以"作为连接词，最终完成思维转化为语言的表达。

这样你就明白了，所谓的语言逻辑，其实就是用一种系统的方式去安排语言、调动语言和组织语言的思维过程。这个系统的方式，就是上文提及的构成表达线的某种逻辑顺序。

如果你想要把话说得有条理，你就需要按照某种逻辑顺序，把你要说的话编织成表达线。

但是，推理题这个例子的表达，是基于题目的现成资料进行的。只要你根据题目那些词句的框架去组织表达内容，要把话说出来并不是什么难事。然而在日常生活当中，我们却很难有这种现成的、可视化的说话资料供自己参考。

为了把话说出来，我们需要根据表达的目的，"搜肠刮肚"地去思考适合的表达内容。然后再通过某种组织方式，将要说的话编织成一条表达线。

这里的表达目的，指的是你为什么要说这番话的中心思想；而这里的内容，就是储存在你脑海中的个人经历和已经习得的综合知识。

由于这种表达并没有现成的资料给你做表达框架，需要你从自己的个人经历和综合知识当中，提取出适合的内容去编织表达线，所以稍有不慎，你说出来的话很有可能就会离题万丈，或者词不达意。

所以，用什么样的方式去组织语言，将会影响到你的表达效果。

二、 组织一次完整的表达

设想你现在面对一种情况。

你的朋友结婚，在酒店举行婚宴。现在主持人邀请你上台说一说，你对这个朋友，也就是新郎心里最真实的看法。

这时，你会怎么说？

相信很多人遇到这种情况，身体已经紧张得控制不住地颤抖起来了，还能说出什么话？

但现在私底下大胆想象一下，你身边的一个好朋友要结婚时，真的让你上台去发表一段感言，你会怎么组织语言？

你可以按照以下这个流程去做。

1. 确立你的表达目的。

很多人在发表自己的看法之前，压根不知道自己到底是为了什么目的而去说。左想想，要说这些吗？右想想，还是说那些呢？完全毫无头绪。

不是想说的太多，就是找不到可以说的主线，于是到头来，什么都说不了。

确立你的表达目的，就是为了给自己找一个表达的中心思想。

当你有了这个中心思想做说话的导航，那么接下来你所说的每一句话，就可以围绕着这个中心思想去表达。

那这个中心思想有什么特征呢？

（1）一段话只能有一个中心思想；

（2）一句话就可以把它概括出来。

根据这个中心思想的特征，你就需要给自己设定一个表达的目的。

通过你对朋友的了解，那么你上台讲述的这段话，就可以说一说新郎重情重义的性格。也就是说，"新郎官是一个很重情重义的朋友，做他朋友或伴侣会很幸福"，就成为你上台讲话的表达目的。

2. 筛选你的表达内容。

有了表达目的后，那接下来要筛选什么样的内容去组织表达线呢？

还记得前文说的那几种组织表达线的方式吗？哪些是重点去说的部分，哪些是可以不说的部分；哪些事情值得用来做例子，哪些事情又没必要全部说出来？

在你心里，一定要根据表达目的去筛选内容。

你要懂得从你和新郎官之间的共同经历当中，选出一些能够体现出新郎性格的典型行为表现，向听众解释说明，他就是这么一个重情重义的人。

记得，你筛选出来佐证新郎性格的事件一定要精简。

心理学研究表明，人一次性最多只能记住"五加或减二"条的信息，就是最多不超过七条信息，最好不要超过三条信息。

所以，如果你觉得用一个例子去讲述新郎的性格会比较干瘪，那就多增加一两个例子，以此构成一个整体的表达内容。

假如用一个例子也足够阐明新郎这个性格特征，那你就把这个例子尽量说好。

只要你有一个明确的表达目的，所说的话都是围绕特定的中心思想去组织的，那这样你不仅有话可说，而且听众也能够明白你要阐述的意思。

3. 系统编织表达线。

现在你有了一个明确的表达目的，也有了相应的表达内容，紧接着，你就要把这些内容系统地编织成一条表达线了。

我们说话，很难具体预料到，说到第八句话时会说什么，说到第十三句话时又会说什么。我们根本无法提前安排好表达内容的每一句话。

所以只能说一句，是一句；一句接着一句地说。

换言之，用上一句话带着下一句话的形式，一边思考，一边调整，一边说话。上一句是下一句的框架，下一句是上一句的补充，就好像词语接龙那样，上下句相互牵连、延伸。

例如你的表达目的就是围绕新郎是一个重情重义的人去讲述，那现在你说的第一句话是这样：

我跟新郎官已经认识了十多年了……

这句话起了一个基调后，紧接着下一句话，你会怎么说呢？有很多种说法：

A：我们彼此感情很好。

B：从大学一直玩到现在。

C：他是个什么样的人我都知道。

D：没想到现在竟然结婚了。

当然还有 E、F、G 等等。

哪一种说法更好？其实哪一种都是最好的，就看你怎么把这些话语通顺地连起来而已。

你可以单独使用每一句话，把它们分别加在第一句话后面。也可以把这些话语全部都组织在一起，用在第一句话后面。

如，我跟新郎官已经认识了十多年了，从大学就一直玩到现在。我们彼此感情很好，所以他是个什么样的人，我都知道。没想到现在，他竟然要结婚了。

分析一下这段话，上一句是不是下一句的框架，而下一句又是不是上一句的补充？

逐句拆开分析，既然开头就表明你和新郎官认识了十多年，那这个"认识十多年"是怎么来的呢？下一句就补充，原来你们从大学就一直玩到现在。既然你们从大学玩到现在，会导致什么样的结果呢？就是你们彼此的感情会很好。那你们感情这么好，有什么事可以体现出来吗？答案就是新郎官是一个什么样的人，你都知道了。既然你知道他是什么样的人，而现在他竟然要结婚，所以就用了"没想到"这个连接词作为意外的转折点。

看完这个分析，是不是觉得每一句话都是顺沿着上一句的意思说出来的呢？

这就是语言逻辑的思路了。

如果你这个思路的终点，是为了说明新郎官是重情重义的人，那么组织这条表达线的每一句话，都得朝向着这个终点构建。

例如上述例子中的这段话，你之所以说跟新郎官彼此认识很久，两人感情很好，你又知道他是什么人之类的，一来是为了介绍自己和新郎官的关系，二来是为了铺垫，接下来你要讲述的关于新郎官重情重义的故事，是真实的，也是具有代表性的，毕竟是由你这个好朋友的口中说出来的。

这样思路就很清晰了。先说什么，后说什么，就好像线头、线身和线尾连成一体似的，每个环节的内容都有其用处。

所以当你编织表达线的时候，你每说完一句话，就要想想，接下来说的那句话，要怎么顺延上一句的意思，才能连成一个通顺的表达，然后指向最终目的呢？

这方面你可以私底下多做练习，用写作的方式去组织表达线；有了体会后，再通过口头的方式去锻炼。

三、 具体化的描述

除了上面这些语言逻辑的组织技巧，最后还要说一说表达的手法。

认知心理学表明，我们的大脑偏好具体化的事物，而抗拒抽象化的东西。所以，在你组织表达内容的时候，你的呈现方式，尽量要具体化，不要说一些让人无法立刻领会的词句。

例如很多女生都会问自己的男朋友：你为什么会喜欢我呢？

对于这个问题，如果你说"我就是喜欢你啊""你的性格让我无法抗拒"等等这些答案，那就太抽象了。说完对方都没什么深刻的印象和感觉。

但一位网友是这么回答的，也获得了很高的点赞数。他说：

"亲爱的，四年前的一个早上，你忙碌着为我准备早餐，看着你的身影，我仿佛看到了天使，那时我便对自己说，这就是我要用一辈子去爱的女人。"

这段话是不是很具体，很有画面感？

四年前的一个早上，为我准备早餐的忙碌身影，仿佛看到天使一样，这些描述，都是非常具体而极具视觉化的表达，听到如同看到。

很多人无话可说，就是因为不懂得怎么把话说得具体化。

看完一部电影，就说"我觉得这部电影很好看"；面试一份工作，就说"我觉得你们公司很好"，然后没话说了。至于电影怎么好看，公司怎么好，别人无从得知。

所以，在你表达的时候，把一些难以理解，或者比较抽象的概念，用具体化的形式表达出来，你说的话就更容易被接受。

想象一下，你要跟小孩子解释某个抽象的事物，你会怎么说呢？以这个目的去组织语言，你自然就能够做到具体表达了。

用手势比划一个心形，用类比的方式说明长城有多长，甚至找到一些具体化的例子去印证都行。只要你有心，这些很容易做到。

组织语言去构建表达，更是如此。

经常尬聊？ 是时候提高你临场应变的说话能力了

在社交活动当中，一个人的临场应变能力，对于他是否能够主动地处理谈话期间遇到的障碍，起到决定性的作用。

很多人之所以害怕与别人打交道，很大一部分原因，就是因为他们无法很好地应对与交际对象之间的"谈话障碍"，诸如冷场、尴尬、挑衅、反驳等；总担心别人一句话就会让自己立刻陷入哑口无言的境地。

当这些"谈话障碍"不在自己掌控的能力范围内时，出于自我保护的心理，这些人往往会选择隔离和逃避，不去接触这种复杂多变的社交场合。

在网上聊天，由于谈话时间有滞后性，有足够的时间留给自己思考，就算遇到各种"谈话障碍"，也可以毫无顾忌地说出自己的心里话。

然而在现实生活当中，谈话间的反应往往需要我们在短时间内就要做出，而且反应的好坏，还会给自己带来一些需要承担的后果。迫于这种心理压力，很多人就无法自如地做出得体而恰当的反应了。

所以提高临场应变的能力，对于提高我们自身的口才和交际能力，会有非常大的帮助。

一、 什么是临场应变能力

所谓临场应变，是指在与人交谈的过程当中，一些意想不到的情况突然发生时，说话者对这些情况做出的现场应急反应。

我们对于外界信息的反应，一般分为两种：被动应变和主动应变。

被动应变，就是在毫无征兆或者缺乏准备的条件下，对突然发生的意外情况和困境做出从容的反应和恰当的处理。这种临场应变，不是我们自己发起的，是根据外界的变动立刻做出反应的被动行为。诸如在讲话期间，谈话对象突然对你开了一句不恰当的玩笑，或者你不小心说了一句不好的话，让大家忽然尴尬起来等，都是属于自己无法事先预料的意外状况。在这种情况下，外界逼迫着你要做出反应，否则，你们的谈话就会陷入胶着，无法继续顺利进行下去。这时就需要你的临场应变能力去改变这一局面了。汪涵曾经在《我是歌手》现场，面对孙楠弃权而临时发起的救场演说，就是属于这种被动应变。

至于主动应变，就是指在交流或个人言谈中，及时捕捉到新的信息，通过自我思维的高速调动，对这些信息迅速做出整合和转换，使之成为话题的素材之一，从而改变谈话氛围。这就是我们常说的"即兴发挥"了。

尽管"新信息"的出现存在着一定的偶然性，但是当你能够把握住这些新信息，然后通过自我思维对其进行解读，使之成为谈话当中可以借题发挥的素材时，那这种临场应变，就是主动行为。

例如一个女生经常跟别人说，她开车从来都是别人让着她，自己想怎么开就怎么开，从未发生过意外。面对这句话，一般人肯定感到惊奇或者不解。这些都是正常的反应。

但你面对这个"新信息"，如果主动反应，通过自我思维的转换，就可以即兴发挥，对这个女生说："你开的是碰碰车吗？也是，那些小孩子看到这么一个傻大姐开碰碰车，谁都让着你！"

这种主动应变需要你很好地把握反应时机，否则错过最佳反应时机，你再插嘴去说，就很难起到相应的作用。

当然，无论被动反应还是主动反应，都不能一味地追求为了反应而反应。那种无缘无故地插嘴或者对谈话主题没有任何帮助的贫嘴和玩笑，就算你反应得再好，也只会打断谈话的流畅性，从而影响大家聊天时的心理感受——除非，对方活该被怼。

因人、因地、因时、因事而去反应，这才是成熟的表现。

二、 临场反应需要具备哪些素质

临场反应不是凭空而来的。

你肚子里必须要储备着某些东西，才能够培养出和发挥出这种能力。想要提高自己的临场能力，你必须具备三种素质：

1. 处变不惊的心理素质。

何谓处变不惊的心理素质？就是无论遇到什么事，我们的情绪波动都维持在一个相对稳定的水平，那么这种不慌不忙的心理状态，就是处变不惊的表现。

想要提高这种心理素质，唯一的方法就是让自己置身于一种紧张的情况之下，然后试着装出一个"镇定"的姿态，使自己看上去若无其事；抬头挺胸，表情又自信满满，控制身体不要颤抖，大脑就会慢慢为你调节这种紧张情绪。

毕竟，当遇到突发事情时，例如突如其来的响声或者出其不意的惊吓，很多人都会下意识地喊出来。

思维方式会影响你的行为方式。同样，行为方式也会影响你的思维方式。

所以当你遇到让你紧张的事情时，不要用行为表现出自己的紧张，强行控制自己。因为你一表现出紧张的状态，大脑就会调动身体的所有感官去放大这种害怕情绪，导致你失去思考能力，让你陷入一种条件反射却不理智的自我保护行为当中。

例如有些人遇到事情，只顾着大喊大叫，这种人类的"求生本能"，就是属于被害怕情绪影响自我判断力的非理智自我保护行为。有时候这种行为会有用，但更多的时候会带来相反的效果。开车遇到意外惊慌失措，也许就会酿成更大的伤害。而心理素质强大的人，一定都是一声不响地快速反应，利用身体上被放大的感官，沉着应对状况，减少意外对自己造成的伤害。

经过这样的刻意练习，才能提高你心理面对紧急状况时的耐受性。强大的心理素质，在面临危险的时候，对你只有益处。

2. 积极的思维状态。

在社交活动中，如果你的情绪处于一种低落、烦躁、焦急的状态，当你遇到"交谈障碍"时，你就很难调动出灵动的思维去做出应变，也懒得应变。

但如果你的心理素质良好，能够主动克服这种消极的情绪，保持积极活跃的思维状态，你就可以很好地应变了。积极的思维状态，意味着你主动去思考各种可能性，而非被动地接收客观现实给予你的一种信息。

想象你是一个主持人，正站在台上说话，说着说着，忽然台上的灯都熄灭了，周围只剩下零星的光，台下观众不明所以，现在你应该怎么处理这种状况呢？

作为一个主持人，你应该表现出该有的控场能力，懂得去安抚观众的情绪，而非被动地跟他们一样不知所措。

我是这样说的："请大家放心，只不过是一些技术上的故障而已，我相信技术人员很快就会把问题处理好。既然现在整个场合都黯淡无光，我们就趁着这个机会，借着周围这点光芒，来一场围炉夜话怎么样？我记得小时候，最喜欢的事，就是停电那一刻。因为那个时候，我可以点上几支蜡烛，坐在阳台跟家人甚至朋友一起聊聊天。这种温馨而平静的感觉，至今我都难以忘记。所以有时候，突如其来的意外，不一定会带给我们伤害，也许，是意想不到的惊喜……"

只要你的反应能够切合场合的需要，满足当下环境的需求，那就是好的反应。想要做到这样，就必须要你主动去思考可能遇到的状况，然后模拟应对。

好比你站在路边，然后思考自己跑出路中间，那会遇到什么情况？看到桌子上四个尖角，然后思考一旦你走神不小心碰到，你会有什么结果？

有了这些意识，我相信你能够避免很多意外，也能做好相应的准备，主动去掌控场面了。

3. 不断积累知识和经验。

这一点就不多说了。很多时候你的临场反应，跟你的知识和经验积累了多少，有很大的关系。

例如上面台上灭灯的状况，如果我小时候没有经历过停电点蜡烛的时刻，我就很难把这两种情况联系起来。如果你没有一定的知识储备和人生阅历，其实真的很难立刻做出反应。

在保障自己人身安全的前提下，多去学习不同的东西和接触不同的事物，对于拓展我们的元认知会起到很大的帮助。而这些认知又会反过来提升我们的思维能力，于是一些曾经看似世界末日的大问题，也会变得微不足道了。

这一点我依然还在努力，毕竟活到老学到老。希望看这篇文章的你，也不要给自己设限，你值得更广阔的天空。

三、 临场应变的策略

处理临场应变的策略并没有特定的模式，这里只分享一般情况下的应对策略而已。希望大家思考消化之后，能根据自己的谈话特色融会贯通去运用，做到"无招胜有招"。

1. 顺势联想。

上文中灯光熄灭的例子，就是顺势联想的一个运用。

把这件事跟以前停电的时刻联想起来，把 A 事件和 B 事件整合在一起，通过类比思维，得出"意外不一定会让我们受到伤害，也许会获得惊喜"的共同点，把灯光熄灭这个意外转化成惊喜，缓解观众的情绪。

其实很多主持人都用过这一招。某主持人采访某嘉宾，在台上聊娱乐圈热衷炒作这个话题时，话筒突然没声音。短暂的调整后，主持人就来了一句："所以说，对于娱乐圈喜欢炒作这种现象，就算话筒不让我们发声，也无法阻挡我们对其表达出批判的态度。"

当你遇到谈话障碍的时候，试着想一想，这个障碍是否可以跟当下的某件事联想起来，然后把它化解呢？

2. 故意曲解。

故意曲解，指的就是把谈话者表达的意思，故意理解成另外一个意思，化被动为主动。

打车时，司机不怀好意地突然拿起自己的电话递给你说："美女，你这么漂亮，做个朋友呗！"

你知道他是要你留下自己的联系方式，但你故意曲解，接过他的电话说："你怎么知道跟我做朋友，先要给我电话做好报警的准备呢？"

我相信对方听到你这么反应，都知道你绝非那么容易欺侮的女孩了。

故意曲解在发挥幽默方面，也是一个很有用的技巧。有这么一个笑话：在公交车上，由于过于拥挤，一男一女无意中发生了碰撞。女子不由分说地骂道："你有病吗？"男生不明所以，只好回答说："对不起，那你有药吗？"女子觉得生气，继续骂道："有病就去看医生啊！"男子淡淡地说："你有相熟的大夫介绍吗？"

语言都充满不确定性的歧义，平时注意思考一句话所包含的各种意思，然后从另外一个方向去理解，你就能够慢慢掌握到这种曲解思维的能力了。

3. 自圆其说。

这个技巧是一把双刃剑，用在搞笑方面很好，但如果用来对自己的错误做出辩解，就有点不太好了。

有时候你说话，突然口误说错了，为了避免尴尬，你可以顺着这个错误自圆其说，让这个错误看起来好像是你特意这样做似的。

例如你跟朋友喝酒，你明明想说"跟你在一起喝酒，真的很痛快"，却说成了"真的很痛苦"，朋友听到你这话，怔了一怔，等待你的解释。

这时你可以直接解释其实是想说"痛快"。当然，你也可以表现自己的机智，跟他解释说："因为跟你怎么喝都喝不够似的，而相处的时间又这么短暂，这种感觉真的太不好受了，不痛苦吗？"

这就给自己圆了场了。

在生活中，有时候很容易犯下很多这样低级的口误，立马解释，面子上又过不去，不解释，别人又难堪，这时，只能通过这样的自圆其说来给自己圆场了。

用得好，对于维护自身形象很有帮助，但如果真的说错了，让别人尴尬，还是直接道歉吧！

4. 岔开话题。

有时候别人会故意刁难你，你又来不及反应，那么这时"顾左右而言他"，岔开话题，也是一种保护自己的方法。

当别人咄咄逼人的时候，一旦你露出胆怯、不好意思、紧张的情绪，你就会陷入被动，跟着对方的思路走了。为了化被动为主动，你就要把话题的掌控权重新拿回来。

例如你只谈过两次恋爱，可有人存心诘难你说："作为一个女生，跟这么多男生谈过这么多次恋爱，你父母不觉得差耻吗？"

如果你骂人，说不定就会中计了，反驳解释，也很容易让自己正中对方的圈套。所以正确的做法，就是岔开话题，反问："你对一个女生问出这样一个涉及隐私的问题，你父母不为你感到惭愧吗？"对方如果回答："我父母不会感到惭愧的！"你继续说："是的，不回答你这个无聊的问题，我的父母也不会觉得差耻！"

以上四种应对策略，只是基本的应对方式，不能涵盖生活的所有状况。任何时候都要不断积累总结经验，丰富自己的策略宝库，这样才能够从容应对各种意外。

总之，临场应变涉及我们自身的思维品质、知识涵养、语言储备和心理素质等多方面的能力，你应该有意识地提升自己这种能力的水平，刻意去锻炼。久而久之，你说起话来，甚至面对突发状况，你的反应就会更加泰然自若，不慌不忙了。

如何改善自己说话毫无逻辑的缺点

逻辑跟我们的生活息息相关。你有没有经历过如下这些情况：

因为某些事跟别人吵起来，却吵了一大轮，谁也无法反驳谁；

被别人挑衅，别人突然一句话就能让你哑口无言，很是憋屈；

对某些事情发表自己的看法，观点总是很浅薄，站不住脚；

说话经常前言不搭后语，就算已经前后矛盾，也意识不到。

不管你有没有上述这些问题，在日常生活当中，我们都不能忽视逻辑思维的作用。说话或做事有逻辑，是一个人思维清晰的具体表现，缺失这种特质，对我们自身的影响可不是一星半点。

那什么才是有逻辑呢？简单来说，就是你的结论经得起验证。

例如，由于今天下雨，因此，中国的经济将会持续下滑。

我相信任何人看到这句话，都不会认为这句话是有逻辑的，因为前提跟结论之间，并没有清晰的因果关系。

一、 什么是逻辑上的因果关系

所谓因果关系，就是事物之间的必然联系，而这个必然联系可以经得起验证。

如"天下雨，因此路面被淋湿了"这句话，前者"天下雨"，就是后者"路面湿"的原因，正由于这个原因，于是造成了"路面湿"这个结果。但是"今天下雨"跟"中国经济下滑"之间，有什么因果关系呢？我们无法验证其中的逻辑。

只要前提跟结论之间具有因果关系，也就是有直接的关联性，这句话就能够经得起验证。经得起验证，说明这句话就是有逻辑的。

因果关系是客观存在，不会由人的主观意志而发生改变。一件事情的结果，肯定是由某些原因造成的。只要这个原因跟结果之间，存在先后的关联性——记住，是先后的关联性，那么这个逻辑就是正确的。

为什么是先后呢？因为有时候你论证的形式并没有问题，好像很有逻辑，但因果次序错了，你的结论也就必然错了。

如"天下雨，因此路面湿"这句话，因为是下雨在先，地面湿了在后，所以因果关系非常明显。

然而，"由于路面湿了，所以天下雨"这句话，看似有道理，其实因果关系并不是完全成立，因为地面湿了，不一定是天下雨造成，也可能是路面被环卫车喷水淋湿了。

天下雨，室外的路面肯定会被淋湿，这是客观世界的物理现象，谁也无法否认；可是路面被淋湿，造成这个结果的原因有很多，未必是天下雨。

正如之前女生打车却被强奸杀害的新闻，某些网友看了女生的照片，就说她之所以被杀害，肯定是因为穿得太露，勾起凶手的色心。他们从结果"女生被奸杀"，推导出"女生穿着暴露，勾起凶手色心"这个原因，完全搞错了因果关系。

好比 A 从山崖跳下去，肯定死在山崖底下。问题是，A 死在山崖底下，就能说明 A 的死是因为跳崖所致吗？这就经不起验证了，毕竟 A 死在山崖底下，未必就是跳崖所致，也有可能是刚好被人杀害在那里而已。

也就是说，你可以从原因推导出结果，有因必有果；却无法反过来，简单地从结果推导出原因。从结果推导出原因，那这个原因，跟结果未必有必然的关联性，顶多是具有可能性。

这样我们就知道，因果关系有三种特质：

客观性：原因和结果都是客观存在的，跟人的主观意志无关；

先后性：原因在前，结果在后，原因导致结果；

复杂性：很多时候一个原因造成多种结果，或多种原因造成一个结果。

基于逻辑的这些特性，想要让自己的思维变得更加清晰，在你得出结论之前，你必须先梳理这三种特质，看看自己的结论是否符合这种因果关系。

有了这个基本认识，接下来再说说逻辑思维的基本构成。

二、 命题的真真假假

既然有逻辑的思维，是指你得出的结论经得起论证，那么在学会如何构建自己的论证之前，你首先要掌握什么是命题。

命题就是一种可以被肯定或否认的东西，通常是以陈述句的形式表达。

如，每天有 24 个小时，太阳从东边出来，中国足球很烂等，都是命题的一种。这些命题，有可能是真的，也有可能是假的；不是真的，那就是假的；不是假的，那就是真的。

或者真，或者假，就是命题的特性。

"下雨会淋湿路面"是命题，只要这个命题是客观存在的，那么"今天下雨，今天的地面也会被淋湿"这个命题，就能够被推导出来。

这种论证的结构，会把第一个命题称为前提，把第二个命题称为结论。前者给后者提供支持和根据。

可以说，命题是构成论证的部件。

如果你想让自己的表达无懈可击，只要保证你的命题是真实的，而且推论过程也是正确的，那就行了，你就很难被驳倒。

然而，这个世界有很多命题，暂时还没有足够的条件去验证真假，当你运用这样的命题去作为你的前提，开始进行推论时，你很容易就会被对方抓住漏洞去反驳。

比如，好人都不会活得很久，所以没什么事，就别做好人了，否则你会命不久矣。

这句话的前提只是主观推测，无法被证实，所以得出的结论，也就荒谬至极。

如果想反驳对方，找出一些不长命的坏人作为例子，就可以给予还击。（当然，如果对方是出于好意安慰你，免得你因为做好人，而被不懂感恩的人气死，你就不要在乎逻辑了，情感因素更重要。）

所以在你尝试得出一个结论之前，你要想一想，你的前提是否可靠，能否推导出结论。

如，穿着暴露的女生容易被有歪念的男生打坏主意（前提），所以（结论）某女生被奸杀，是因为她穿着暴露。

很明显，这个推论就完全没逻辑。因为被奸杀的原因，未必就是穿着暴露，因果没有直接的关联性。

但是，当我们运用这些不确定的命题作为论证的前提时，很容易遇到的一个问题就是，有时候你会认同这个前提，却未必认同由这个前提推导出的结论。为什么？

这就涉及概念的定义了。

三、 概念定义的问题

概念，是我们大脑思维的基本形式。我们的所思所想，都是通过一个个概念具体表现出来的。

当我们出生后，看到一个女性不断照顾我们，对我们呵护备至，久而久之，我们对这个女性所扮演的角色，就有了"母亲"这个概念。

概念是通过词语传达出来的。同一个概念可以由不同的词语表达，这就是一义多词；而不同的概念，也可以用同一个词语表达，这就是一词多义。

而命题，就是由概念组成的句子，如"优秀的人都很努力"，"把事情做好，是成功的前提"等，这些命题就是由不同的词语组合而成的，其表达的概念也不同，最终命题的意思也不同。

问题来了。

比如，你跟朋友说："优秀的人都很努力，所以想要变得优秀，就必须很努力。"然后你朋友会说："乱说！努力又不一定会成为优秀的人，很多人都很努力啊，但最后还不是成为一个可有可无的人。"

你们两人就此争吵了很久，谁也说服不了谁。这种现象，是不是跟我们在日常生当中的无意义争吵很相似？

之所以谁也无法说服谁，公说公有理，婆说婆有理，就是因为大家对于"优秀"的定义不一样。

对于你来说，优秀这个概念，应该是指有能力，而自己又可以从这个能力当中，建立某种被认同的社会价值。那这种优秀，谁都可以通过努力获得，例如积极的志愿者、负责任的环卫工人等。

而对于你朋友来说，优秀就是不仅仅指有能力，还要有钱有地位，例如马云之类的名人，他们才能称得上优秀，那么这种优秀，单凭努力，也许就很难获得这么一个类似的结果了。

当你们对于优秀的定义无法达成统一的标准时，任何争辩都只是浪费时间。除非你们就优秀这个概念，进行过相关的讨论，取得共识，达成统一的辩论标准。

所以就算你认同"穿着暴露的女生，会增加被奸杀的风险"这个前提，你也不会认同"女生打车被奸杀是因为穿着暴露"这个结论。

很明显，这个结论很荒谬。把凶手的问题推给受害者，无异于把受害者有罪论扩展到所有情况上。

所以，同一个命题，你们持有不同的意见，就是因为对同一概念的定义标准不一样。

在辩论之前，懂得对讨论的话题保持同一性，是基本的素质。如果你们对于讨论的概念无法达成一致，就不要浪费唇舌去争辩了，这只是"鸡同鸭讲"。

当下一次老板跟你说"把事情做好，会给你加工资"时，先不要开心，先弄清楚"好"的具体定义，怎么样才算把事情做好，否则你觉得自己已经做得很好了，老板却不加工资，那你就感到憋屈了。

四、 组织你的论据

好的论证，关键在于论据。

既然某个原因肯定会导致某个结果，那么想要让自己说出来的话能够被论证，你就必须提供一个很好的论据，来说明这个原因肯定会导致这个结果，构成因果关系。

例如你跟朋友说：小姨妈这家餐厅很好。在那里吃饭很便宜，吃满一百元就会有折扣，而且东西好吃，服务又周到，我向你推荐。

你觉得小姨妈餐厅很好，这是一个结果。造成你得出这个结果的原因，就是那里吃饭便宜，服务又周到。

整个论证形式就是：

前提：因为，在小姨妈餐厅吃饭会有折扣，而且东西好吃，服务周到。

结论：所以，这些因素让我感觉这家餐厅很好，我向你推荐。

这只是简化后的论证形式，完全的形式应该是：

前提1：我去小姨妈餐厅吃饭有折扣，东西又好吃，对我服务又周到，我觉得很好；

前提2：小明去小姨妈餐厅吃饭有折扣，东西又好吃，对他服务又周到，他也觉得很好；

前提3：其他客人去小姨妈餐厅吃饭有折扣，东西又好吃，对他们服务又周到，他们都觉得很好。

结论：所以你去小姨妈餐厅吃饭，肯定也有折扣，东西也会很好吃，对你的服务也会很周到，你也会觉得很好，我推荐你去。

这就是归纳推理的表现形式，而"吃饭便宜，东西好吃，服务又周到"，就是"我推荐你去吃"的论据。

论据，也是由命题组成的。作为论据的命题，只要它能够经得起验证，那么最后你得出的结论，也会经得起验证。然而论据有很多种类，诸如数据性论据、历史性论据、视觉性论据、事实性论据、类比性论据等，有些论据并不总是经得起验证。

上面例子的推论，给出的论据，就是类比性论据，因为我做这事有这种感受体验，所以你做这事也会有这种感受体验。

那么这个结论，是不是就是正确的呢？未必。问题就出在，这些类比性论据当中，存在着"主观"的成分。因为纵使一百个人觉得小姨妈餐厅的东西好吃，服务周到，然而你却不喜欢吃这些东西，对他们的服务不感冒，你也不会得出"这家餐厅很好"这个结论。

所以它作为论据的命题，依然会存在被否定的可能，那么以此得出的结论，只存在某种可能性，就是逻辑学所说的或然性，而不是必然性。

如果你要反驳对方，这就是切入点。当然，在日常生活中，除了"杠精"，谁会这么无聊，抓住一点点的漏洞，就去拒绝朋友的一番好意呢？

朋友跟你说："这部电影很好看，特效强大，剧情饱满，赶快去看吧！"

然后你就跟朋友杠起来了："你怎么定义好看？特效强大，剧情饱满，就能够说明这部电影好看了？况且，什么是剧情饱满？标准是什么？你觉得饱满，万一我不觉得呢？如果我买票看完之后，发现根本不好看，你赔我电影票的钱吗？"

如果你真的这样子做，我只能说，你脑子有问题了。

但这也说明一件事，在你开口表达之前，对词句的斟酌很重要。

五、 表达的精确性

学习逻辑思维，不是为了跟别人玩语言游戏，而是为了提高自己思维的清晰度，尤其说话的时候。

在日常生活当中，有时候说话可以随意一些，想怎么说就怎么说。

然而，当你对某些特别的事情想要发表自己的看法时，为了避免祸从口出，被人抓住痛脚，或者为了避免自己的言谈伤害到别人，在你把话说出来之前，你必须考虑到你语言逻辑的精确性。

就如"天下雨，路面会湿"这句话，表达也不算太准确，因为天桥底下这种有遮盖的路面，就不是不会湿了吗？

所以，调整后的精确说法，应该是"天下雨，大部分室外的路面都会湿"，有了定语的限制，表达就更准确。

思维的不精确，会导致语言的表达也不精确。

好比你失恋了，你就说"这个世界没有一个好男人"。别人会反驳你："你把你爸当什么了？亏他养你到这么大！"这就不好玩了。

所以，任何时候，在开口之前，先思考一下，让你得出这个结论的论据，到底是真的还是假的，可信度有多高？只有这样，你的逻辑思维能力才能够让你变成一个思考更加犀利的人，说起话来也会头头是道，有条不紊。

没有自嘲心态，你就无法好好说话

在生活当中，你有没有觉得开口说话是一件很困难的事情呢？

很多人身处一个舒适区以外的社交环境时，通常都会遇到一个问题，就是无法放开自己压抑的思想，说出自己想说的话。

例如别人开玩笑的时候，自己只能尴尬地坐在一旁，不知道怎么插话；被别人不小心"冒犯"了，也只是强颜欢笑地敷衍应对，不敢辩驳；时常还很担心自己会说出一些不够得体的言语，弄得气氛僵硬，从而一直表现得战战兢兢。

虽然说话是一种外露的技能，然而内在心理素质的提升，也是非常重要的一环。

当你的心理素质还不够强大的时候，你就会觉得跟别人说话，是一件很压抑自我的事情。想要改变这种情况，你必须要培养出一种开放的态度——

就是自嘲。

一、 什么是自嘲态度

自嘲，就是敢于把自己的缺点，用开玩笑的方式，先于别人揭露出来的一种豁达行为。

如果你是那种说话会感到压抑的人，问一问你自己，你是不是从来都不敢对自己下手自嘲一番呢？

相信你肯定没这个胆量！

也许你会反问我，你经常跟别人说"我不会说话""我没什么能力""我人不是那么聪明"这些话啊，难道这不是自嘲吗？

当然不是，这只不过是自己没自信的一种表现而已。真正能够自嘲的人，是不会用负面、消极的形式去揭露自己的缺点的。相反，他们会用一种肯定、积极的形式，去把自己的缺点揭示给别人看。

举个例子。

我之前逛商场时途经一家手机贴膜的店铺。

看店的是一个戴着眼镜、身材微胖、长相敦厚的小哥。他看到我后，就问我要不要贴膜。刚好我想换新的，就把手机拿给了他。

小哥一边贴膜，一边问我要不要买手机壳，说可以把我的样子印在上面。我说不用了，万一样子印出来效果不好看，那就很尴尬了。

小哥于是接我这话说："看来你对自己外表也挺有要求的。回想当年，我也是一个靠外表吃饭的人啊！"

听到他这么讲，我就奇怪地问："真的吗？那么为什么现在要转行做手机贴膜呢？"

小哥一脸正经地淡淡说道："因为我觉得我快要饿死了！"

听出言外之意的我，顿时笑了出来。

贴膜小哥这句话，就是正确的自嘲态度。他敢于把自己自认为的缺点——外表，通过这种肯定的语气，在你面前大方地揭示出来。你完全听不出一点自贬的意思，反而还觉得他很可爱。

在小哥这句话的背后，透露出他自信、大方、无所谓的态度。他的自嘲，不是以那种卑躬屈膝的姿态说出来，也不是用唉声叹气的样子告诉你。和普通聊天一样，他很自然地就随口说出来了。

说的人和听的人，没有任何不好意思的感觉。

为什么说"丑人多作怪"？因为越是对自己不满意的人，就越是用各种掩饰、各种证明、各种行为去告诉别人，自己不是那样子的，否则就觉得这样很不好意思，那样也很不好意思，总是放不开，这就很容易给人"作怪"的感觉。

很多不会说话或不敢说话的人，与人相处时感觉压抑，多多少少都有这种心理。他们总是担心自己的一言一行，稍有不慎，就会影响到自己的形象，落得不好意思的境地。为了掩盖自己这些"缺点"，于是就把注意力放在自己身上，时刻关注自己的表现，导致自己全程都感到拘谨和难受，一刻都无法放松下来。

这种情况，你还怎么能够放松心态去自嘲呢？

会说话的人和不会说话的人，其中最大的区别，就在于他们敢不敢用自嘲的态度去"自我揭露"。

二、 什么限制了你的 "自嘲"

所谓"自我揭露"，不是说把自己的隐私毫无保留地拿出来给别人看，而是指，你能不能把自己真实的天性，通过某种方式适度地释放出来。注意，是适度，就是你台面上和台面下的性格表现，大部分时间都是相同的。

你的天性越是得不到释放，你就会越觉得难受。问题是，很多人都宁愿这样去压抑自己的天性。他们与人相处的时候，往往喜欢把自己"伪装"成另外一个样子。

一个私底下经常说脏话、丑话、粗话的人，一旦到了某种场合，为了给别人塑造一个良好的形象，他们就会控制自己说出那些话的冲动，试着让自己表现得斯文、有涵养一点。由于这不是本性，其结果肯定就是不适应和不好受。

　　正如平时那些习惯了沉默寡言的人，突然让他待在人群中，尝试跟别人去聊天说话。为了让自己看起来不那么失礼，他的所有搭话和交谈，肯定是强行要求自己做出来的一种行为。这种"伪装"，自然就会让他心里产生一种不自在的压抑感。

　　这类伪装，是迫不得已的，不是有心计的刻意。

　　正是因为对于真实的自我形象（这里不仅仅指外表，还有由行为举止构建出来的综合素质）没有足够的信心，生怕被别人发现不好的地方，于是就用另外一个自认为比较"完美"的形象把它替换掉，以此获得安全感。

　　这是一种无法自我接纳的心理，连自己都无法面对那个真实的自我，所以不愿意把那么一个"糟糕"的自我，向别人展示出来，担心万一别人不接受怎么办？

　　这也是我们为什么只会对熟人释放天性的原因，因为熟人接受我们的不堪，而我们并不知道其他人会不会同样接受我们这个样子。

　　只是，不敢社交的人会更加在乎这一点。

　　所以，隐藏和压抑，就成了这些人的选择。在这种情况下，你还让他把自己的缺点揭露出来，自嘲一番，有可能吗？

　　无法自我接纳这些缺点，就无法自我揭露。即使这些缺点，并没有涉及太多隐私的部分，仅是那些不影响大局的自我状况而已，诸如开玩笑会脸红、能力不够出众、说错话容易尴尬等。

可那些在社交环境当中感觉压抑的人，会很在乎这些"缺点"。因为这些缺点会影响到他们个人形象的评价，从而降低自尊。

在这种情况下，既无法袒露自己真实的那个自我，然后又要应付当下的社交环境，其结果只能让自己处于一种"自我监视"的状态之中，时时刻刻监察自己的"完美形象"。生怕一不小心，就把那个不好的自己暴露出来，让别人发现他们肚子里的墨水不够、逻辑不好、思想不深刻、说话不够得体等等。

某种程度上，这是一种掩耳盗铃的行为。越是刻意隐藏，越是容易拘谨。这样子，有什么理由放松下来去自嘲？

那既然这么不满意那个真实的自我，为什么不去做出改变，提高自己呢？这就是涉及另一种限制他们自嘲的原因：认知失调。

三、 认知失调的原因

从心理学的角度来说，所谓认知失调，就是观念上的认知和行动上的认知，并没有取得一致性。

例如你认为骂人不好，这是你的观念，那无论什么时候，你都不去骂人，这是认知一致性。

但你认为骂人不好，可一旦跟别人发生冲突，就破口大骂，完了后心里还觉得愧疚、不安，这就是认知失调了。因为你的观念和你的行动，并没有取得一致性，于是你的认知思维就混乱了，从而影响到自己的心绪。

一个觉得骂人没问题的人，就算坐公交车，也会骂得司机"措手不及"，而且并不会觉得愧疚，这就是认知一致性。只是这种认知，是属于负面而有害的认知。

如果你觉得骂人不好，可当你受到挑衅或者侮辱的时候，你通过骂人去反击对方，表达出自己应有的态度，之后不会觉得自己做得不对。那这样的做法，也是认知一致性，毕竟你想得通透。

而很多内向又不善言辞的人，觉得自己习惯独来独往，没有社交生活也过得很好。可事实上，这真是他们的观念吗？

你让他们一个人吃饭、一个人看电影、一个人去逛商场买东西，他们心里会有多乐意呢？吃饭的时候，有哪次不是坐在不显眼的角落处玩手机？想看什么电影，有哪次首映是一个人去的？买点什么东西，是不是宁愿网购也不到楼下的商场去买回来？

真正喜欢独来独往的人，从来没有这么多顾忌；想做什么，一个人也会做得很高兴。一个人吃饭，找不到位置跟别人拼桌又怎样？有电影上映，一个人凌晨看首映又怎样？更不用说一个人去商场买衣服之类的事情了。

记住，你想不想做和你能不能做，是两回事。

千万不要把你不能做，当成是不想做。如果你觉得这样做很傻，而不想做，那说明自嘲对你来说，也会觉得很傻，因为你放不开，做不了。

而这，就是很多不敢说话、不愿意社交的人的常见心态：把自己不能做的，当成是自己不想做，然后以此获得心理上的安慰，逃避进步。

当你真的觉得一个人不说话也可以很好时，即便你身处某个社交环境，你也不会有那么多局促和不安。别人怎么说是他们的事情，你静静坐在一旁，任凭别人怎么撩拨你，你都不为所动，这才是正确的认知一致性。

可是你一方面觉得自己喜欢一个人待着，不想说话，另一方面却又容易被别人的批评言语影响，觉得自己处于这么一个社交环境，应该合群一些，于是又强迫自己说几句话，弄得自己左右为难，这就是认知失调了。

这种认知失调，就是导致你心里压抑的罪魁祸首。因此，你也无法自嘲，不敢把自己真实的本性揭露出来让别人知道。

总的来说，就是以下这两个原因：

一是你过于在乎给自己构建的完美形象，生怕让自己的本质暴露在人前。

二是你没有透彻了解自己的思想，在想和做之间，无法取得认知一致性。

前者是对自己缺乏自信，后者则是想得不通透。

基于这两点，想要改变自己压抑的心理，培养出自嘲的心态，我有四条建议：

1. 培养自我接纳的自信。

自信的近义词，就是"自我掌控"。

你知道自己哪些地方很好，哪些地方又不是那么好；哪些事你可以做得得心应手，哪些事你只能假手于人。对自己有一个全面而清晰的了解和认识后，你就知道哪些缺点应该改善，哪些优点你可以专注深挖。

你的自信，一定要有一个源头。只有找到这个源头，或者培养出这个源头，你才会慢慢接纳自己的一切。

明知道自己有这些那些缺点，又不想去改变，永远把"接纳自己"这个决定权交给别人，祈求他人对自己"大发善心"。一旦别人没有这么做，不是生闷气感到郁闷，就是不断自我怀疑，弄得自己经常黯然神伤，何必呢？

做好自己，是我们人生的最基本前提。如果你连自己的一举一动都无法掌控，那自信只会一直远离你。

你也很难真正做真实的自己。

2. 修正你的认知一致性。

认知失调，你对于很多事情就不会想得通透，其后果就是让自己思绪烦乱。

你不喜欢说话，不喜欢社交，就把一个人的生活过好，不用管其他人的闲言闲语。如果你认为提高口才和社交技能很有必要，那就尽力掌握这些能力。

如果你喜欢独来独往，但又觉得适当的社交也是很有必要的，那就让自己拥有应对不同环境的处世能力。无论是自己一个人生活时，还是需要跟其他人共同协作时，不要有任何抱怨的思想，扮演好当下的角色。

让自己的观念和行动尽量取得一致性，不要三心二意。把一些对你造成困扰的事情，想得透彻一些；想不通就去学习，了解核心原理。

否则，不仅是说话，在其他事情上，这种不确定的思想，也会让你烦恼不断。

3. 学会用肯定的句式苦中作乐。

前面两条建议是内在素质的修炼，当然也少不了外在技能的提高。

无法自我接纳的人，对于自己的缺点，不是讳莫如深，就是消极地对待它们。

尝试转变一下自己心态，学会苦中作乐，大方点，没必要对它们遮遮掩掩，这样自己才会更放松。

而转变的第一步，就是从你的语言入手。

例如我每天洗头，头发都会大把大把地掉，就算用很贵的洗发水，还是如此。我都不知道怎么办。

有时候只能看着洗脸盆里的头发感叹一句：看来我距离出家又更进一步了。

用积极的句式，把那些不好的事情说出来。如果你动不动就用消极、抱怨的句式去说，久而久之，真的会影响到你整个人的心态。

下一次别人找你做些什么，你又觉得无法胜任的时候，试着用积极的句式去拒绝对方。

好比一群同事去 KTV，你一直静静地坐在一旁，一个同事问你为什么不唱歌，如果你直接说"我不会唱"或"我唱歌不好听"，这样就消极了。

你可以一脸正经地说："上一次让我唱歌的人，听完我唱歌之后就进了医院躺了一个月，我可不想你们有事呢。"

这就是乐观的自嘲了。

4. 私底下试着对自己吐槽。

吐槽，一般是用在你对别人言行的评价上。

当然，你也可以试着对自己吐槽。平时私底下试着培养这个习惯，让自己适应一下自我揭露的感觉，你就会慢慢不那么在意自己了。

有次我炒鸡蛋，不小心把酱油放多了，然后整个鸡蛋都变成黑黑的一坨东西。这种简单的事情都做不好，让别人知道了岂不是很丢脸？

我就自我吐槽道："果然了不起！能把一个鸡蛋做成这个样子，这种功夫，没有十年八年的傻劲，都做不来！"

遇到困难，不要经常怨天怨地，换个角度，自得其乐，其实很多事也没什么大不了。当你习惯了这种对自己"不在乎"的感觉，以后当你到了人前，你就会知道怎么找机会，轻松地释放自己的天性，大大方方去说话了。

保持这样一个积极的姿态，坚持实践，你的心胸会慢慢变得越来越豁达，人也不会那么容易神经紧张，进步就随之而来了。

这就是自嘲的态度。